101

Whiskies to Try Before You Die

一生必喝的101款威士忌

Ian Buxton 著

鹿憶之 譯

目錄

SHEEP DIP
PIG'S NOSE
MINOR 1000
876G

作者序

這本《一生必喝的 101 款威士忌》（101 Whiskies to Try Before You Die）的精神稍稍有些與眾不同，希望能將各種威士忌呈現給真實生活中的人們。

這本書並不是得獎清單。

也不是全世界「最佳」101 款威士忌排行榜。

正如書名，這只是一本簡單的書，指引愛好者去發現、品嚐這 101 款威士忌，無論最終心儀與否，藉由這段品味之旅，完成威士忌的教育。再者，您會發現這本書是可以在生活中實作的。

《一生必喝的 101 款威士忌》書中並不納入那些上市之前就已銷售一空的珍稀品項，以及常人難以負擔的極致奢華之選（即使您偶然幸運地發現了一瓶也買不下手）。

或許您會好奇我的選擇標準。我完全可以聰明又省力地推薦近來在國際葡萄酒與烈酒大賽（International Wine & Spirit Competition）中榮獲 40 年蘇格蘭威士忌大獎的格蘭格拉索 40 年威士忌（Glenglassaugh 40 Years Old），這款可能是你所能買得最好的蘇格蘭單一麥芽，經由眾多知名專家級評委組成的評審團所選出。儘管知者甚少，但品質的確無可置疑。告訴您這個訊息，簡直可以說是幫了您一個大忙，可是，這款酒一瓶要價 1500 英鎊；或者是格蘭菲迪 50 年威士忌（Glenfiddich 50 Years Old）一瓶上市市價 10000 英鎊左右。所以，難道您真的會為了品嚐而不惜一擲萬金嗎？我不相信。因此在寫作本書時，我設定了如下幾項原則。

基本上，第一，書中所列出的每款威士忌都可以在專賣店或網路零售商找到（當然有些可能要您多費點心思）；第二，價格適中（繼續閱讀下去，您會懂得我的意思）。當然，列入書中的一時之選必定有某個好理由，大多數是因為同類中的典範，但有些或許還需得到您的認同。有些是來自於小酒商單打獨鬥面對無孔不入的大型企業，有些只是口感獨特，您必須試試。我這麼說，希望能喚醒您一些或許您已經忘記的記憶，或者是希望能藉此介紹一些新品給您，為您帶來一些意外的驚喜。

請謹記，本書旨在品酒，而非收藏。

所以我排除了一次性或是單一桶裝瓶的產品，因為它們產量太少，基本上就不在市場上出現，而且我也可以無視那些對我來說是專門設計給收藏家的產品。對我而言，零售價格是我相當看重的因素；一旦某款威士忌在英國威士忌專賣店售價在 100 英鎊以上，我就會仔細考慮；若售價在 500 英鎊以上，我會更嚴苛；而若售價超過 1000 英鎊大關，則直接刪除不予考慮。因此，我只好對身著法國百年精品萊儷水晶樽的麥卡倫 57 年絕世珍釀（Macallan 57 Years Old Finnest Cut）說抱歉，拒絕大摩 62 年（Dalmore 62 Years Old）與豪奢的阿貝雙槍（Ardbeg Double Barrel）。儘管口感妙不可言，但天文數字的售價註定了出局的命運。請回到現實，本書是為大多數威士忌愛好者所編寫的，而非豪門大財閥。

此外，由於我並不推崇以「世界最佳威士忌」「次佳威士忌」等簡單排名法，因此書中所推薦的酒款品項，均按名稱第一個英文大寫字母順序排列，而非名次。

本書更不尋常者在於沒有評分。我不認為您必須依賴我個人的喜好來選擇，甚至迷信評分制度（這是其他大多品鑑類書籍的走向）。我對於百分制的質疑有幾個理由，例如我懷疑 92 分與 93 分的威士忌，真的有所不同嗎？我覺得這種制度簡直是荒謬透頂，因此還是不採用為上策。

取而代之地，我要採用威士忌哲人阿尼斯．麥克唐納（Aeneas MacDonald）的忠告。他曾在 1930 年提出，有鑑賞力的品酒人在品鑑威士忌時，會「遵從自己直覺、嗅覺與味覺的指引」，此言不虛。

只是，威士忌種類繁多，我無暇一一試盡。隨著威士忌版圖日益擴張，我在此先拋磚引玉提出個人見解，希望可以為您指出嶄新的探索方向，或許能得到您的肯定與認同。本書中包括蘇格蘭、美國、愛爾蘭、日本與加拿大品牌的威士忌，並收錄了瑞典甚至台灣等少見生產威士忌的品牌。

為此，我努力擴展領域，務求排除個人好惡，收錄一些在個人偏好之外，但可為同類威士忌產品的典範。至此，我想您會問我是如何進行這份收錄名單的。

我的方式並不是單一的。

首先，我以自己的知識做判斷。我進入威士忌產業超過二十年，曾擔任多家蒸餾廠顧問，做過蘇格蘭單一麥芽威士忌頂級品牌之一的市場行銷總監，我並且創辦經營世界威士忌論壇（World Whisky Conference），廣泛撰寫威士忌評論，並常任許多大賽評委。因此，儘管我仍需不斷研究幾乎天天都有新發現的威士忌，但我有幸比其他人接觸到更多種類的威士忌，對各種威士忌及背後的蒸餾廠有更多的認識。

其次，我時常關注同好們的看法。我一般會比較關心國際重大賽事的獎項得主，包括國際葡萄酒與烈酒大賽（International Wine and Spirit Competition，簡稱 IWSC）、舊金山世界烈酒大賽（The San Francisco World Spirits Competition）、《威士忌》（Whisky Magazine）雜誌舉辦的世界威士忌大賽（World Whisky Award，有時我會忝列評委席中）與更多非正規賽事，如麥芽狂人俱樂部（Malt Maniacs）舉辦的單一麥芽競賽。而閱讀F.保羅・帕庫特（F. Paul Pacult）等國際知名威士忌雜誌常客們的品酒筆記，也會促使我關注更多品種的威士忌。

最後，我請身邊研究威士忌的好友及同事提出自己所喜愛的威士忌。例如我提出蒸餾廠的主題時，每個人必須對當前蒸餾廠提出至少一家有強力競爭者的產品，以求篩選出更令人滿意的結果；對於價格與購買簡易度，我的研討方式亦然。讀者可參考我的特別感謝名單。不過，在此我想表明：恰似古希臘人向先知請益，我在諮詢朋友意見後，最後採納與否，決定權仍然在我自己。因此，當您對本書列表有異議時，請將您的不滿全部歸咎於我。我發現很巧合的是，書中所提到的 101 家蒸餾廠全部都有將事業體設在我的祖國英國（有兩家在非蘇格蘭地區）。但此行業的現狀正在逐漸改變，或許當您讀到本書時，書中數據已不再準確。目前全球的蒸餾蒸餾廠大約有 200 家，並且在持續增加中。隨著新廠房的開設，在過去的十年裡，威士忌產業的發展令人振奮，新蒸餾廠紛紛在世界各地、尤其是新興威士忌出產國如與後春筍般出現，其中不少設有令人稱讚且大開眼界的遊客中心，但是開放時間與季節有所變動，必須諮詢。因此，我並未將詳盡開放時間列入書中，需要您提前自行透過網路或電話來確定。

目前，能夠生產威士忌的國家和地區有蘇格蘭、愛爾蘭、加拿大、美國、日本、印度、瑞典、比利時、瑞士、澳洲、法國、奧地利、捷克、英格蘭、威爾斯、芬蘭、德國、荷蘭、俄羅斯、紐西蘭、巴基斯坦、土耳其、韓國與南非。而現在台灣、巴西、尼泊爾、烏拉圭與委內瑞拉也有了酒廠。本書中半數以上的威士忌均為蘇格蘭單一麥芽，另外加上蘇格蘭調和威士忌與穀物威士忌，使得我的故鄉——蘇格蘭品牌的威士忌種類高達 72 種。隨著世界其他地區品牌威士忌的知名度、影響力與產品質量不斷地提升，在我的選擇品項裡，有四分之一以上的威士忌來自美國、日本與其他國家的品牌。相信這些威士忌仍會給您留下深刻的印象。

閱讀至此，您可以想像一下，在這麼多國家中，可以生產不同年份、桶別、換桶熟成技術等，各種獨具特色的單一麥芽品項，您就可以知道（事實上，大多數國家也已經做到）變化有多麼繁多；若在基底中再加入調和威士忌，甚至非蘇格蘭威士忌，例如波本、裸麥威士忌等，想要嚐遍所有味道，恐怕必須窮其一生！

本書想要傳達給讀者們的訊息之一，便是我們無須花費重金就能購得上好威士忌。其實，我在完成初稿之前並未對價格仔細求證。書中酒品售價是參考英國威士忌專賣店，在本書出版前夕已經過校對無誤，本書中有一半價格在 40 英鎊以下。因此，如果您身在英國，想將書中所有品項各買一瓶，總花費大約為 7100 英鎊，還不包括折扣。如果去除三種價格最高的，其他所有威士忌單瓶平均價格僅為 56 英鎊。與世界知名的葡萄酒相比，算來還是威士忌較為實惠。本書將威士忌售價分為五個等級：

1 低於 25 英鎊　2 25～40 英鎊　3 40～69 英鎊　4 70～150 英鎊　5 超過 150 英鎊

當然價格並非固定不變的。如稅率發生改變、產品促銷或重新進行市場定位等，都會導致價格的變化。如果讀這本書的您與我遙隔千里，那麼售價也會因為遠距離運輸、進口而相應提高，若在本地裝瓶，價格自然會相對便宜一些。

英國的高額稅收總是會嚇到來自世界各地的遊客，他們總是奇怪為何蘇格蘭威士忌在本地的售價甚至比自己家鄉還要貴。這個答案是因為，對於一瓶標準蘇格蘭威士忌，政府會徵收約為零售價格四分之三的酒稅與營業稅。

全世界約有上千種威士忌，甚至可能有一萬多種，至於具體數字至今仍無人知曉，因此您可想見，整理歸納可不是件容易的差事，可總歸要有人去做。為方便起見，我已為您精心挑選出 101 款以供品鑑。您大可不必言謝，只需購買此書便能讓我寬慰至極。

書中每一篇都始於威士忌與蒸餾廠的概述，進而展開背景介紹，力求風趣實用，最終輔以簡單的品鑑筆記，然而，本書卻不希望以此終結，因此還為您留足了自我探索的空間，可供您記錄個人喜好，以便印證每款威士忌是否與書中品鑑相符。

我衷心希望，接下來的威士忌品鑑之旅會為您帶來一路的驚喜，也許您能進而與好友分享。世界上沒有完美的威士忌推薦名單，雖然本書收納品項並不能說是盡善盡美，但足以為您提供一趟充滿發現與探索的旅程。倘若您真的遍嚐這 101 款威士忌，相信此生便真的可以無憾。

對於千變萬化的威士忌世界，您可以在推特上關心我的消息和觀點：

Twitter@101Whiskies

我希望能在推特上與您進一步交流。

推薦序

*【酒是生活的一部份，是 **Life Style**】*

不懂、入門、嚐試、品酒、品味、專業、嚴選、挑惕、到…不可一世！酒是生活中的一部份，是 Life Style，而不是讓人有壓力、有距離和及無法親近的！現實的生活中，大多數品飲威士忌的人，其實只是想好好享受品飲生活的樂趣，並不想了解太多、太咬文嚼字的文章，因其反而會與酒產生陌生及殊離感!讓人不敢靠近而無法享受到品飲威士忌的樂趣!

在本書中，作者的字裡行間裡所熱切想表達的是，其對威士忌的熱愛與感動，而最重要的是分享，把多年品飲威士忌的體驗與想法，毫不藏私的全部展現出來，用詞親切，是希望有更多的人，能夠知道威士忌的生活品味之處，而不需去太過專研與花過多的費用來追求高價酒款，而產生壓力、經濟的困擾與不舒服！

酒的市場已進入到很成熟的階段，每家酒廠各有其特色與風格，其優、缺點將由消費者自行依照自己的經驗、口感喜愛來判斷！但是如何讓其有不同的體驗、故事、生活化和樂趣，將會是未來的主流!

真的很高興和很榮幸的能在此寫推薦序，品酒如此多年，很興奮的看到有如此親民概念又兼具品味的專業生活書籍。

Jackie Lee
李浔躍
Champagne Bar 負責人
誠品生活股份有限公司 餐旅事業群專案副理

1

製造商	約翰·德華父子有限公司 John Dewar & Sons Ltd
酒廠	珀斯郡，艾柏迪 Aberfeldy, Perthshire
遊客中心	有
購買地點	全球各地均有售
價格	■■■■□

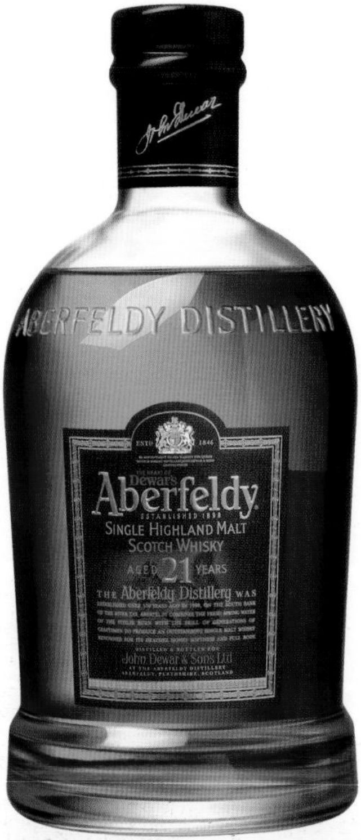

www.dewars.com

Aberfeldy 艾柏迪
21 Years Old 21 年

對於這款威士忌沒有享有更高的知名度，我覺得很遺憾。我認為，不愛好威士忌者會喜愛這一款，而懂得品鑑的愛好者則會更加傾心。

帝王威士忌之家（Dewar's distillery）所在的艾柏迪酒廠（Aberfeldy），由勤奮、勇於創新而富有商業頭腦的德華兄弟湯米與約翰（Tommy and John）於 1896 年至 1898 年建造，並聘用有史以來最優秀的酒廠設計大師查爾斯・克里・多哥（Charles Cree Doig）擔綱設計。在原始擁有者－酒業有限公司（Distillers Company Ltd）經營的時代，艾柏迪所有產品均用在調和威士忌上，而非單一麥芽威士忌。

然而，為了致力挽留豪華德國汽車產業中的銀行家、律師等客戶群，蘇格蘭威士忌產業經歷了震撼性的大規模重組。1998 年 3 月，該品牌所有權轉手到當時無心經營威士忌的百家得（Bacardi）麾下，投資結果輝煌，艾柏迪不僅被《威士忌》雜誌（*Whisky Magazine*）評為「最值得旅客造訪的蘇格蘭威士忌酒廠」，還開發了一系列令人驚喜的新產品。

艾柏迪向來以溫和的石南花香甜花蜜口感聞名，而其中精品當屬 21 年單一麥芽威士忌：溫文爾雅，層次優雅豐富，充滿驚奇。可惜瓶身設計矮胖醜陋，令人惋惜，不過請勿因此而失去品酒雅興。

此品牌市面上以 12 年單一麥芽威士忌較為常見，品質亦優，但僅以些許差價，換得口感大增的 21 年份，更加值得。年份差距除了增加圓融熟成的深度質感，而這種微妙的感覺，是無論如何都無法在混合麥芽桶中得到的。

色澤 Colour　深金色，琥珀色。
嗅覺 Nose　混合濃郁奶油及蜂蜜的乾果香、石南花香，帶有椰香後味。
味覺 Taste　濃而不膩的香甜，深橘色的柑橘果醬、香草與橡木，口感馥郁綿密。
餘味 Finish　持久而強勁的辛辣，些許檸檬餘味，婉轉優雅。

評鑑 Verdict

2

製造商	起瓦士兄弟公司 Chivas Brothers Ltd
酒廠	斯佩賽區，亞伯樂 Aberlour, Speyside
遊客中心	有
購買地點	專賣店，高級超市， 免稅店
價格	■■□□□

www.aberlour.com

Aberlour 亞伯樂

a'bunadh 首選原桶

近年來，這款桶裝濃度（cask strength）威士忌在口碑相傳下，吸引了大批喜愛蘇格蘭斯佩賽區（Speyside）濃醇豐厚麥香的熱情粉絲。

亞伯樂酒廠建於1879年，在二十餘年後的一場火災中燒毀，隨後在威士忌蒸餾廠設計先驅－建築師查爾斯．多哥（Charles Doig）的主持下重建。從1975年被法國保樂力加集團（Pernod Ricard）收購後，直至該集團收購施格蘭公司旗下酒廠（Seagram）（特別是格蘭利威〔Glenlivet〕）之前，亞伯樂酒廠步入鼎盛期，並成為保樂力加單一麥芽的領導品牌。今日，酒廠提供絕佳的「亞伯樂酒廠體驗之旅」，非常值得參加（需提前預約）。

這間酒廠有許多容易取得的酒款，也有可能親自直接為您從桶中裝瓶，但是最值得喝的是有個怪異名字 a'bunadh（讀作 a-boon-ah，蘇格蘭蓋爾語意為「原始風貌」）的酒。這款威士忌既未經冷凝過濾，也未經稀釋，試圖重現特別使用西班牙奧羅露素雪莉橡木桶釀酒的19世紀威士忌風格。因此，若您鍾情於傳統麥卡倫（Macallan）或格蘭花格（Glenfarclas），那麼也必定會愛上它。

值得注意的是，此品項由不同原桶混合後直接裝瓶，有些人批評酒中帶有來自木桶的輕微硫黃味（來自木桶的釋放），因此，若您遇到某批次口味特別符合心意，建議您趁售罄前多保存數瓶。然而，保留實驗精神，勇於品味不同批次，亦充滿樂趣。相信您不至於遭遇什麼險阻，畢竟此品項的品質與酒精純度（如同酒標顯示60%），實為物超所值，僅為35英鎊。

色澤 Colour 深邃暗色。

嗅覺 Nose 具有明顯的雪莉桶特性，一般為蜂蜜與深色莓果。

味覺 Taste 可直接飲用，或加水稀釋。嘴中充滿香氣，堅果聖誕蛋糕，乾果，可能帶有檸檬、萊姆與巧克力韻味。

餘味 Finish 餘味悠遠，可能帶有蒸餾過程產生的辛辣、橡木與些許煙燻。

評鑑 Verdict

3

製造商	印度阿穆特酒廠有限公司 Amrut Distilleries Ltd
酒廠	印度　班加羅爾市 阿穆特 Amrut, Bangalore, India
遊客中心	無
購買地點	專賣店
價格	■■□□□

www.amrutwhisky.com

Amrut 阿穆特

Fusion 雙大洲

印度的威士忌？是不是搞錯了？並不是。印度威士忌不僅市場廣闊，而且產量可觀。但美中不足的是，大多數印度威士忌的原材料使用糖蜜（molasses）。依照歐盟標準，應被視為蘭姆酒（rum），無法以威士忌之名銷售。

長久以來，由於貿易爭端，蘇格蘭與印度威士忌產業一直齟齬不斷。主要原因在於，蘇格蘭指責印度進口關稅屬於非法貿易限制，而印度方面則反唇相譏，指出實際上印度國內蒸餾業大多為英國人所建立。目前，印度威士忌產業為大亨賈伊・馬爾雅（Vijay Mallya）的聯合烈酒公司（United Sprits）所主控，製造商包括風笛手（Bagpiper）、麥道威（McDowells）等表現不俗的品牌，為了增加您的困惑，還有著名的格拉斯哥之懷特馬凱（Glasgow's Whyte & Mackay）。然而，雀屏中選的威士忌，卻是與該公司競爭的一個獨立小商，創立於1948年的阿穆特酒廠有限公司（Amrut Distilleries Ltd）所蒸餾。根據印度神話，當天神與羅剎（魔鬼）以梅魯山在汪洋大海中奮戰時，出現了一個裝滿不死仙藥的金壺「阿穆特」。

阿穆特是貨真價實的單一麥芽威士忌，僅單純由大麥麥芽、水與酵母蒸餾而成，可在英國販賣。所以我們真是幸運，因為此酒確實優秀。（我把他放在第3並非出於自己的好奇心，敬請放心。）

雙大洲威士忌是個非凡的產品，其獨特之處在於混合了喜馬拉雅山印度大麥與蘇格蘭泥煤來烘焙麥芽，瓶裝酒精度為恰到好處的50%。除此之外，以35英鎊而言實屬物超所值（請注意運送到英國、跨越半個地球的運輸成本）。即使您身在蘇格蘭小鎮Tannochbrae，享用時請先暫時忘卻碳足跡的罪惡感吧！

色澤 Colour 亮金色。因印度威士忌熟成時間短於蘇格蘭，因此置放桶內時間相對較短。

嗅覺 Nose 濃郁橡木味的衝擊，伴有泥煤、香草與果實。

味覺 Taste 令人驚奇的複雜口感，欲罷不能。泥煤混有橡木、水果、巧克力與焦糖奶油酥餅。

餘味 Finish 是的，喝完這瓶您會想再來一瓶。後味在乾、辛中結束。

評鑑 Verdict

4

製造商	蘇格蘭　英佛・霍斯酒業有限公司 Inver House Distillers Ltd
酒廠	蘇格蘭　斯佩賽區 基斯市附近 洛克村 Knockdhu, Knock, nr Keith, Speyside
遊客中心	無，可預約參觀
購買地點	專賣店及官網直購
價格	■■■□□

www.ancnoc.com

anCnoc 安努克
16 Years Old 16 年

英佛・霍斯（Inver House）將品牌原名洛克杜（Knockdhu）換成怪異生僻的安努克anCnoc（蓋爾語，意為「黑丘」），這種是否必要的手段著實令人匪夷所思。雖然此舉使得產品名稱不再以酒廠命名，卻成功化解了可能與另一酒廠——納康都（Knockando）混淆的尷尬。

這個鮮為人知的斯佩賽區單一麥芽小型蒸餾廠，座落於基斯Keith與班夫市Banff之間，由於堅持傳統蒸餾法，顯然應得到更多喝采（這也是英佛・霍斯的獨特標誌）。直到今日，該廠仍使用老式的鑄鐵糖化桶；並且也喜愛使用到格拉斯冷杉做成的木製發酵槽，而非現在的不鏽鋼桶。更值得稱道的是，該廠蒸餾冷凝至今仍延續採用傳統的蟲管（worm tub），為蘇格蘭採用此工藝的僅存13家之一，因此更增添了安努克的酒質的深度與酒體，以及獨樹一幟、豐裕肉感的香氣。

關於此蒸餾廠還有一段軼事。在二次大戰期間，這裡曾是印度籍軍隊的駐紮地，帶著他們的騾馬駒騎。因此，當地居民每天都有機會觀摩軍隊出操，不過印度騎兵們對於駐地與居民的觀感，則缺乏歷史記載。

安努克16年單一麥芽威士忌的上市時間相對較晚，但備受好評。它的與眾不同之處在於僅在波本桶中陳釀，因此產生了這款威士忌令人生疑的淡淡的色澤。這款酒的悠長歲月需要以嗅覺與味覺來判斷，它的複合香氣更是讓人難以忘記，比表面強烈的酒勁令人期待。而46%酒精度且未經冷凝過濾，是英佛・霍斯考量市場而推出的品項，希望此款威士忌能為公司打開通路，增添口碑。

色澤 Colour 較淺的稻草色。
嗅覺 Nose 些微草藥味，檸檬風味，最後出現香草味。
味覺 Taste 香草、甘草與辛香料。太妃糖與柑橘果醬。
餘味 Finish 餘韻以收乾漸漸結束。收尾圓順。

評鑑 Verdict

5

製造商	蘇格蘭　格蘭傑 股份有限公司 Glenmorangie plc
酒廠	蘇格蘭　艾雷島　阿貝 Ardbeg, Islay
遊客中心	有
購買地點	全球各地均有售
價格	■■□□□

www.ardbeg.com

Ardbeg 阿貝
10 Years Old 10 年

我對阿貝總是猶豫不決，一方面我深愛當地以及其成果，想到 1997 年這座指標性的艾雷島（Islay）蒸餾廠重新營運時，受到熱情酒迷的熱烈支持，我的心中湧出感謝。況且這兒遊客中心供應的食物，在我印象中算是眾家酒廠最為美味可口的。

不過，我感覺阿貝似乎太過沉溺於自戀。我個人認為，他們的宣傳似乎刻意強調「在地手工」，似有欺騙之嫌，佯裝自己是在那些無情巨頭夾縫間求生存的獨立小商。但其實眾所皆知，阿貝背景雄厚身，出身名門，它是全球最大的奢華品集團的一分子（酩悅．軒尼詩—路易．威登集團 Louis Vuitton Moet Hennessy）。所以，我可不想對極盡奢華、要價一萬英鎊的阿貝雙槍威士忌（Ardbeg Double Barrel）開講，因為這產品實在荒謬可笑。

儘管如此，這絲毫不減損目前工作團隊的出色表現，阿貝確實推出了一些備受泥煤愛好者推崇的威士忌。此款威士忌或許被認為是艾雷島威士忌的指標，並且依此拿來檢驗其他本地所有的威士忌，因此我們不妨寬容些。

評論家們將阿貝 10 年威士忌視為入門級經典，也就是這些爭議的焦點。與艾雷島其他廠家相比，阿貝酒廠所使用的蒸餾器顯得更高大，而且在烈酒蒸餾器上多了一個令人好奇的純淨器，結果形成泥煤味道非常強烈的深邃酒質。這支酒確實為一款複雜的威士忌，無論好惡，您至少要品嘗體驗一次那微妙濃郁，未經冷凝過濾的香氣。

色澤 Colour 淺金黃的稻草金，裝盛在優雅的綠色高瓶中。

嗅覺 Nose 巨大泥煤味，這是必然，但帶有引人入勝的檸檬註腳。肉桂與梨。

味覺 Taste 初入口的泥煤衝擊力道漸漸退去後，穀香與大麥香上場，菸草、咖啡、甘草與巧克力層層交疊。

餘味 Finish 煙燻中帶有些微甜味，大麥香氣低回，香草若隱若現。

評鑑 Verdict

6

製造商	蘇格蘭　格蘭傑 股份有限公司 Glenmorangie plc
酒廠	蘇格蘭　艾雷島　阿貝 Ardbeg, Islay
遊客中心	有
購買地點	全球各地均有售
價格	■■■□□

www.ardbeg.com

Ardbeg 阿貝

Uigeadail Uigeadail

儘管我在前一篇中對阿貝語多保留，並沒有大加稱讚，但平心而論，我有義務告訴諸位讀者，這一瓶阿貝 Uigeadail 確實可列入世界頂級威士忌，隨著時間流轉，受到的讚美從未停歇。

若您喜歡口感強烈的泥煤香，這款威士忌絕對是一時之選。雖然名稱 Uigeadail 難以發音（取名來自於供應酒廠水源的湖泊），酒精度 54.2%，口感強烈煙燻。這款酒隨著阿貝國際愛好者俱樂部的壯大中取得巨大的成功，並且口碑日益升高，我也不例外，自是愛好者之一。

但請您千萬小心，此酒是個怪物。充滿泥煤薰香、泥土味，穿插橡木、橄欖油，以及更多的泥煤（不斷傳出），強烈的味道會掩蓋過您後續要品嚐的其他所有酒品。因此，不妨將這款強勢的威士忌留至晚間，作為當天最後一或二杯的結尾。這款酒絕對是您必須要冒險探索的。

由於年紀夠大，我還記得當初艾雷島各家威士忌營運艱辛的時期，因此不免多些憂慮。當時阿貝與艾倫港（Port Ellen）兩家酒廠都尚未關廠，其他酒廠則減少產量，調和商們發現，只需要一些就可以用很久，而當時的單一麥芽飲用者也感覺類似。如今，單一麥芽愛好者競相購入重度泥煤威士忌成為風氣，但若未來愛好者改變性向，將可以想見災難發生，此類威士忌恐將躺在蘇格蘭倉庫中不見天日。

或許您不以為然，但我仍鄭重請您認真考慮一下我的忠告。但無論如何，今朝有酒今朝醉，請您盡情享受這光芒四射的極致產物。

色澤 Colour 甚淺，稻草金。

嗅覺 Nose 淡淡菲諾雪莉（fino sherry）酒香，泥煤帶有些許皮革味。

味覺 Taste 層次豐富細膩，奶油或橄欖油滑順，泥煤煙燻交織。帶甜的泥土氣息中伴有乾果香。

餘味 Finish 強烈個性，複雜深沈，結尾帶有辛辣餘韻，甜，但結尾收乾。

評鑑 Verdict

7

製造商	蘇格蘭 康沛勃克司威士忌有限公司 Compass Box Whisky Company
酒廠	無，此品項為調和威士忌，無蒸餾廠
遊客中心	無
購買地點	主要在英國、美國與法國，其他地區可上網訂購
價格	■■□□□

www.compassboxwhisky.com

Asyla　亞賽拉

儘管我很想推薦康沛勃克司旗下所有的產品，但這會顯得過分偏愛而不公平，所以我從中精選了三種風格迥異、甚稱同類典範的威士忌。第一名便是亞賽拉。康沛勃克司進入第二個十年，但依然執著於在眾人眼中已不合時宜的傳統工藝，堅持小規模精品生產。您必須認知到這是間不尋常的公司，它是一家調和工作室，而非傳統的蒸餾廠，由親英派的「彌賽亞」約翰·格萊澤（John Glaser）所創立，他一開始進入產業時替帝亞吉歐工作，但西元 2000 年離開，建立自己的調和工作室。事實上，該品牌的第一批威士忌是在格萊澤自己家裡調和的。

康沛勃克司旗下產品的古怪名字感覺似乎過於無知，從我個人角度來看，他們的官方網站也過於自我感覺良好，堅持與眾不同的風格和置身主流之外的態度，有時還是會激怒消費者（一度格萊澤名片上的頭銜赫然寫著「威士忌狂人」Whisky Zealot，喔，拜託託託……），但這都是無傷大雅的題外話。

獎項與口碑蜂擁而來，康沛勃克司使得挑剔的評論階級也讚美不已，驗證了康沛勃克司幾乎成為威士忌的中流砥柱（不過他們可能不願意承認這件事），這些的確是非常非常好的威士忌。但他們本身不製造任何酒類，所做的僅是堅持把關篩選小規模蒸餾的威士忌，然後加以調和裝瓶。（耐人尋味的是，格萊澤所選的酒種，大多來自於過去工作的集團）。

為了增加您品酒的歡悅，此款威士忌的包裝設計精美，酒標獨特，字體優雅。價格稍貴卻物有所值。不管是康沛勃克司的任何一款威士忌，都會彰顯您的不凡品味。亞賽拉調和了林可伍德（Linkwood）、格蘭愛琴（Glen Elgin）與帝尼克（Teaninich）的單一麥芽，以及卡麥倫橋（Cameron Bridge）的穀物威士忌共四種並在調製後置放 12 個月，於是得到一款甜美而微妙的餐前威士忌，引得無數讚美。

色澤 Colour　淺金黃色，瓶身細長優雅，材質透明純淨。

嗅覺 Nose　蘋果、香草與穀物芳香。青草香。

味覺 Taste　甜而不膩，口感複雜，微妙精細。具有康沛勃克司家族的柔順口感。

餘味 Finish　微感乾澀，帶有微妙煙燻味。

評鑑 Verdict

8

製造商	蘇格蘭　莫里森・波摩酒業公司 Morrison Bowmore Distillers
酒廠	蘇格蘭　格拉斯哥附近戴爾莫爾　歐肯特軒 Auchentoshan, Dalmuir, nr Glasgow
遊客中心	有
購買地點	國際皆有
價格	■□□□□

www.auchentoshan.co.uk

Auchentoshan 歐肯特軒

Classic 經典

為讀者介紹一款純正、傳統的低地（Lowland）風格威士忌，是我一定要盡的責任。傳統低地風格，就像愛爾蘭威士忌一樣，堅守古法進行三次蒸餾。莫里森・波摩公司（Morrison Bowmore）所有的歐肯特軒屬於日本三得利集團（Suntory）分支，風景優美，非常值得一遊。

酒廠是在 1817 年前後建成於開闊的鄉間地帶，毗鄰橫越克萊德河（River Clyde）的厄爾斯金橋（Erskine Bridge），居民漸漸圍繞酒廠而形成群落，形成了現在的特殊位置。由於得天獨厚的地理位置，經營者不僅設有遊客中心，還為商業市場提供會議場地。

近幾年來，歐肯特軒威士忌的種類不斷增加，往上一直到 50 年單一麥芽等。歐肯特軒的口感清爽細膩，換桶熟成技術也處理得恰到好處，例如歐肯特軒的三桶（Three Wood）單一麥芽。歐肯特軒以其陳年蒸餾見長，我想這應該得益於前任所有者對橡木桶的嚴格甄選，而接續的三得利亦繼承了此一投資。

歐肯特軒獨特的三次蒸餾法會得到柔滑清澈的原酒，新酒酒精度達到不尋常的 80%，以罐式蒸餾來說，是不尋常的高。在他們設計精美的官方網站上有關於此過程的動畫圖解，簡明易懂。

如果您還不太了解歐肯特軒，我建議您不妨從這款經典開始。這款酒未標示酒齡，口感柔軟滑膩，極易贏得人心。倘若這款酒不合您心意，想要尋求更強烈的品項，也不會浪費——它溫和的特性，極其適合做威士忌雞尾酒酒基，可以增添香氣，又不會過於搶風頭。

色澤 Colour	細緻的淺金色，於重裝波本桶中熟成，裝瓶較早，因此尚未著色。
嗅覺 Nose	香草撲鼻，新鮮並帶有青草味。
味覺 Taste	麥芽的口感，充滿杏仁糖的甜美，伴隨檸檬與青蘋果芬芳。
餘味 Finish	清新花香，但較無繚繞尾韻。

評鑑 Verdict

9

製造商	蘇格蘭　英佛・霍斯酒業有限公司 Inver House Distillers Ltd
酒廠	蘇格蘭　羅斯郡　埃德頓　巴布萊爾 Balblair, Edderton, Ross-shire
遊客中心	無
購買地點	專賣店
價格	■■■□□

www.balblair.com

Balblair 巴布萊爾
Vintage 1989 1989 單一麥芽

巴布萊爾酒廠的位置，與它更廣為人知的鄰居——格蘭傑酒廠（Glenmorangie，接下來會另作介紹）比鄰，但與格蘭傑的高人氣相較，巴布萊爾顯得低調得多。它隸屬位於艾爾德里的英佛・霍斯酒業有限公司，而該公司又附屬於泰國英泰博集團（InterBev），一個善於接手其他公司經營不善品牌重整的集團。

巴布萊爾是蘇格蘭幾個僅存的最古老的酒廠之一。儘管 1749 年便有蒸餾記錄，但蘇格蘭的酒廠元年應從 1790 年算起。該廠於 1870 年代由羅斯家族（Ross）建造（時至今日，酒廠 9 名蒸餾者中仍有 4 人姓羅斯），儘管 1915 年到 1947 年經歷閉廠，但與剛建廠時相比，廠房樣貌並未有太大改變。英佛・霍斯堅持傳統而不隨波逐流的特質，確實難能可貴。

然而，巴布萊爾並不完全墨守成規，大膽嘗試生產了一系列單一年份的威士忌，而非傳統以酒齡區分的品項。雖然有所爭議，但輿論對於同樣以出產單一年份威士忌的格蘭露斯一向反應良好，由於酒性原本就會依照不同年份而有些微變化，因此，巴布萊爾的嘗試不僅能讓愛好者在酒櫃中增添一筆新意，並且對於行銷也打了一劑強心針。

巴布萊爾 1989 單一麥芽威士忌，不僅是 2007 年國際葡萄酒與烈酒大賽（IWSC）金獎中最高分得主，並且是 2008 年愛丁堡威士忌藝穗節（Edinburgh Whisky Fringe，非常值得一遊）的大熱門。在我看來，這款威士忌是在取得性、價格與品質三者間的最大平衡，既彰顯了酒廠的獨特風格，又具有親民的價格。

色澤 Colour 淡琥珀色，來自波本桶。
嗅覺 Nose 融合葡萄乾、青蘋果，帶有香蕉與椰香。
味覺 Taste 初入口時感覺微澀，隨後苦澀感消失，代之以辛辣暖意，混合了檸檬、葡萄乾與堅果般的橡木味道。
餘味 Finish 短暫乾果香，快速消退後，傳來煙燻與海洋氣息。

評鑑 Verdict

10

製造商	蘇格蘭　起瓦士兄弟有限公司 Chivas Brothers Ltd
酒廠	無：調和威士忌
遊客中心	無
購買地點	專賣店
價格	■■■□□

www.balblair.com

Ballantine's 百齡罈

17 Years Old 17 年

百齡罈出身高貴，背景顯赫，但並未在本土市場受到太多青睞。對一個以「無法忘懷的體驗」為行銷口號的品牌來說，還真是有些尷尬。細究其中原因，還是因為百齡罈這支優質調和麥芽風格無法迎合英國市場的審美喜好，不過，這一點並沒有造成經營者起瓦士兄弟的憂心，因為百齡罈在遠東與各地機場免稅店的銷量表現可謂叱吒風雲。

百齡罈的名字彰顯著無上的榮耀。創始人喬治．百齡罈（George Ballantine）是維多利亞時代調和威士忌巨匠之一，於1827年在愛丁堡白手起家，短短60年後，榮獲皇家紋章官認證，在出口到世界各地的產品上都可以看見這項榮譽。由於業界的風雲變幻，該品牌被轉手多次，最終由起瓦士兄弟於2005年7月併購。

藉由公司精明的行銷手段，以及業界赫赫有名的主調酒師桑迪．希斯洛普（Sandy Hyslop）之力，百齡罈終於飛黃騰達。希斯洛普在穀物與單一麥芽威士忌界兩者造詣頗深，在調和威士忌款上具有豐富的經驗與判斷力。

其中，我相信17年調和威士忌是您的最佳選擇：此品酒香令人愉悅，口感順滑，溫和醇厚；深邃而不盛氣凌人，在您深入瞭解它之後，肯定能領略它的獨到之處。如同愛丁堡的中上流階級，聰穎過人卻鋒芒內斂，這就是百齡罈給人的印象。

色澤 Colour 亮金色。

嗅覺 Nose 溫和圓潤，恰到好處，芬芳襲人，帶有香甜氣息與煙燻韻味。

味覺 Taste 醇厚的香草基調，平衡的木質、煙燻與奶油展現成熟的風範，以冷凝過濾後的43%酒精度產品來說，有讓人訝異的飽滿酒體展現。

餘味 Finish 餘味徘徊在口腔後段久久不散，令人回味無窮，留下些許海洋風情。

評鑑 Verdict

11

製造商	美國　金賓全球酒業公司 Beam Global Spirits & Wine, Inc
酒廠	美國　肯德基州　金賓．克萊蒙特蒸餾廠 Jim Beam, Clermont Distillery, Kentucky
遊客中心	有
購買地點	威士忌專賣店與網路訂購
價格	■■■□□

www.smallbatch.com

Basil Hayden's　巴素・海頓

相傳海頓家族的歷史可以追溯至 1066 年諾曼王朝。其家族的祖先之一——西蒙・德・海頓（Simon de Heydon）曾在 1190 年代第三次十字軍東征中，於聖地巴勒斯坦被獅心王理查一世（Richard the Lionheart）封為騎士，其子則受亨利三世冊封為諾福克（Norfolk）巡遊法官；後來，另一位祖先由於戰功彪炳，被授予哈福德郡（Hertfordshire）一大片土地。然而為了尋求宗教自由，海頓家族最後於 1660 年代舉家遷徙至位於美國的維吉尼亞殖民地（Virginia Colony）。

據說到了後來，海頓家族出現了一位蒸餾大師——巴素・海頓（Basil Hayden）。巴素・海頓出生成長於馬里蘭州，學會了如何用裸麥蒸餾威士忌。後來他到肯德基州開始用玉米為主原料蒸餾威士忌，比起其他蒸餾者，他加入更多裸麥，從而製出更加柔滑溫和的波本威士忌。以上便是海頓的傳說。

作為金賓波本威士忌典藏版（Beam Small Batch bourbon）之一，與同系列其他產品相比，巴素・海頓的獨到之處在於使用兩倍量的裸麥（總重 30%），不過金賓在它的「老祖父威士忌」（Old Grand-Dad）中也使用類似的作法蒸餾。與傳統優質波本威士忌相比，巴素・海頓裝瓶酒精度為不尋常的 40%，陳年期為 8 年，在同系列產品中最為清淡。

對我來說，這款威士忌的包裝過於花俏，瓶身細長，腰間奇異的銅製繫帶略顯女性化。但您若喜愛乾澀細緻的口感，它絕對是您最好的選擇。此外，此酒也是一款出色的雞尾酒酒基。

與其他典藏版產品一樣，巴素・海頓蒸餾於大型現代化的克萊蒙特酒廠，感覺上有點違背了小批量的哲學。但在那裡，您至少可以訪問 T・傑瑞米亞・金賓之家（T.Jeremiah Beam Home）與金賓美國基地（Jim Beam Outpost），品嚐各系列的產品。

色澤 Colour　淺金。
嗅覺 Nose　帶有柑橘味，些微薄荷與辛辣。
味覺 Taste　清淡至適中強度，細緻，香味迷人。蜂蜜、胡椒與淡淡辛香料。
餘味 Finish　餘韻短暫而集中。

評鑑 Verdict

12

製造商	蘇格蘭　班瑞克酒廠 有限公司 The BenRiach Distillery Company Ltd
酒廠	蘇格蘭　默里郡 愛琴　班瑞克 BenRiach, Elgin, Morayshire
遊客中心	無，可嘗試電話預約
購買地點	專賣店
價格	■■□□□

www.benriachdistillery.co.uk

BenRiach
Curiositas Peated

班瑞克
驚奇泥煤

您厭倦了有著奇怪蓋爾語名字的泥煤威士忌嗎？倘若如此，那就不妨嘗試一下班瑞克充滿拉丁風情的系列產品，如煙燻雪莉（Heredotus Fumosus）、泥煤波特（Importanticus Fumosus）等。您一定要注意這款驚奇泥煤（充滿濃厚泥煤味的斯佩賽區單一麥芽威士忌，非常實驗性）。

儘管產品名稱的人工雕琢意義太過，但是這個小小的獨立酒廠一直在不斷努力嘗試蒸餾出特殊的威士忌，並在與大廠的競爭中成功殺出一條血路。

班瑞克（我不明白為何這個英文名 BenRiach 中間的 R 是大寫）這座酒廠自 1900 年左右起一直閒置，直到 65 年以後重建，才開始繼續運作。它的生存可以說是個奇蹟，但營運到 2002 年 8 月卻又停止作業。

後來情況出現了轉機：在經由一系列大企業轉手之後，班瑞克幸運地得到兩位南非投資者的重金支持，被延攬至業界老兵比利．沃克（Billy Walker）旗下。2008 年 8 月，該公司又收購了格蘭多納，可以想見班瑞克的如魚得水。

可惜班瑞克沒有遊客中心（但格蘭多納的遊客中心非常值得一遊），不過您可以嘗試進行電話預約，以一窺其究竟。他們保存了古老的手工地板發麥法，尤其值得一看，不過現在只供參觀，並不在實際生產中使用，非常遺憾。

班瑞克所發售的產品有許多相當令人興奮，有些則是限量品。酒廠說，他們的目標是「不僅要傳承蒸餾傳統，而且要開疆闢土，擴展威士忌的視野，學習世界上其他酒廠的長處，以工藝生產創造引人入勝的威士忌」。這番言辭相當振奮人心。希望企業集團能不負他們的希望，讓我舉杯祝福班瑞克「*nil carborundum illegitimi!*」（譯註：拉丁文「永不放棄」）。

色澤 Colour 淺金黃色。

嗅覺 Nose 泥煤味，但不若艾雷島其他同類產品般的盛氣凌人，背景有石楠花香。

味覺 Taste 中等酒體，初入口的泥煤衝擊力道漸漸退去後，橡木接替出場，並帶出辛辣的水果味。

餘味 Finish 相當多的煙燻泥煤從頭到腳的泥煤洗禮（*a capite ad calcem*）。（註：既然您想問「從頭到腳」的感受，我想請問您，在拉丁雙人舞的節奏下您會睡著嗎？）

評鑑 Verdict

13

製造商	蘇格蘭　高登麥克菲爾 Gordon & MacPhail
酒廠	蘇格蘭　默里郡 福里斯 本諾曼克 Benromach, Forres, Morayshire
遊客中心	有
購買地點	專賣店
價格	■■□□□

www.benromach.com

Benromach 本諾曼克
Organic 有機

市面上有多種「有機」威士忌，如蒸餾地由初始的雲頂（Springbank）轉至羅夢湖（Loch Lomond）酒廠的達麥（Da Mhile）威士忌，而高地收穫（Highland Harvest）調和威士忌與布魯萊迪（Bruichladdich）也即將推出首款於 2003 年 12 月蒸餾而熟成於艾雷島的有機威士忌。

說實話，我個人並不怎麼注重蒸餾酒的麥芽是否有機，如果您確實在意，不妨試一下高登麥克菲爾這款出自福里斯近郊一家小酒廠的本諾曼克威士忌。據我所知，這是首款、同時也是唯一一款從選材、蒸餾、陳年直至裝瓶全過程堅持有機的產品，並獲得以標準嚴格著稱的英國土地協會（Soil Association）認證。

有機威士忌的出現為愛好者們平添品酒之樂。值得注意的是，蒸餾所需的大麥來自於一家蘇格蘭農場（請注意，並非所有用來蒸餾蘇格蘭威士忌的大麥都是蘇格蘭大麥，這可能會令人驚訝），而且所採用的橡木桶也來自於全新橡木。這種做法很不尋常，一般咸認嶄新的橡木桶會喧賓奪主，影響蘇格蘭威士忌的口感，因此橡木桶普遍都會先經過其他酒類使用。儘管本諾曼克跳過了此道工序，橡木味卻未見橫行霸道。

酒商宣稱這些橡木桶經過嚴格「人工挑選」，來自於天然野生林木。雖然聽起來很順耳，但是沒什麼意義。據我所知，迄今為止，並沒有哪一家廠商發明出挑選優質橡木桶的機器。這些橡木在砍伐前後均未經殺蟲劑或任何化學藥品的污染，當然如果有的話就不能算是「野生」林木。

當然，在如何看待綠色議題，以及砍伐野生林木的問題是見仁見智的，您在品嚐這支酒的同時或許正在閱讀《衛報》（*the Guardian*）。

色澤 Colour 飽滿深邃的金黃色。
嗅覺 Nose 理所當然具有大量橡木味，但不時迸出果實與香草味。
味覺 Taste 必然的橡木味，帶有水果蜜餞的甜美氣息。
餘味 Finish 自由主義奔放，森林環保美德發光發熱。

評鑑 Verdict

14

製造商	美國　海悅酒廠有限公司 Heaven Hill Distilleries, Inc.
酒廠	美國　肯德基州 路易斯維爾市 伯漢 Bernheim, Louisville, Kentucky
遊客中心	有
購買地點	專賣店
價格	■■■□□

www.bernheimwheatwhiskey.com
www.heaven-hill.com

Bernheim 伯漢
Original Wheat Whisky 原麥威士忌

儘管當下「獨特」「原味」等詞使用浮泛，但在我看來，伯漢的確當之無愧。該款美式威士忌以冬麥為主料（含量 51%以上），加入傳統裸麥、大麥與玉米。它力圖復興 1700 年代的蒸餾風格，是自美國禁酒時期以來首款真正的新美式威士忌。由於伯漢是世界上唯一一款小麥威士忌，自然令熱衷者躍躍欲試。在我動筆之際，它仍是此風格的唯一選擇。因此假使伯漢的成功得以延續，想必會有其他酒廠推出類似的產品。

這個酒廠有一段值得稱道的軼事：在 1992 年新酒廠建成之前，老廠廠址位於聯合酒業集團（United Distillers，即帝亞吉歐前身）拆除的阿斯特與貝爾蒙特酒廠（Astor and Belmont）。1999 年，在帝亞吉歐的波本威士忌仍默默無聞的年代，海悅公司（Heaven Hill Company）買下該處廠房設備，使伯漢成為目前肯德基州唯一一家私營酒廠。在海悅旗下眾多的品牌中，僅有海悅波本與利頓豪斯裸麥威士忌仍在伯漢酒廠蒸餾。而所有品牌均在新建成的波本博物館中陳列展出，這座波本博物館還曾被《威士忌》雜誌（*Whisky Magazine*）評為 2009 年度觀光勝地（這裡有個「幕後現場」導遊，收費 50 美元）。伯漢最初在此處蒸餾，然後裝入新造的白橡木桶中，置放在尼爾森郡的巴茲頓天堂山（Rick-house Y at Heaven Hill's site Bardstown, Nelson County）進行兩年以上的熟成。

伯漢原麥威士忌於 2005 年上市，由於小規模生產與手工蒸餾而受到青睞。其產品的創新向傳統古法致敬，但最重要的，品質的確精良。

色澤 Colour　淺金黃，與波本相比更加明顯。
嗅覺 Nose　精細的氣味，烤奶油吐司，辛香料與水果。清新檸檬氣息。
味覺 Taste　水果與堅果的味道。質感適中，甜而不膩。
餘味 Finish　清爽微辛，伴有堅果餘韻。

評鑑 Verdict

15

製造商	蘇格蘭　英商邦史都華酒業有限公司 Burn Stewart Distillers Ltd
酒廠	無：調和威士忌
遊客中心	無
購買地點	全球各地均有售
價格	■□□□□

www.blackbottle.com

Black Bottle 黑樽

其實我更想寫的是關於這款威士忌的胞弟——黑樽 10 年。黑樽 10 年於 1998 年推出，遺憾的是現在已經停產，流通時間僅比瓶中酒的年份長一點點。但是，如果您慧眼獨具，仍有可能會在布滿灰塵的不起眼貨架上發現一瓶。如果真有幸遇到，請毫不猶豫地將它納入收藏，尤其如果您是泥煤風味愛好者更不能錯過。

儘管如此，傳統風味總是能受到更多的尊重。延續維多利亞時代經典調和威士忌風格的黑樽，最初誕生於阿伯丁（Aberdeen）的一家小雜貨鋪，並使得蒸餾商戈登・格拉漢姆（Gordon Graham & Co.）家族企業走向輝煌。後來，一如威士忌歷史的慣常模式，格拉漢姆終於賣掉了黑樽品牌。之後品牌經過輾轉換手，境況略顯淒涼。

最終，英商邦史都華將黑樽收納旗下。儘管沒有大筆資金挹注，但黑樽也得到了夢寐以求應有的關注。公司不僅展現出適當的尊重，並且增進了品質（事實上旗下的多款威士忌品牌都有同樣的評價，尤其是迪恩斯頓 Deanston 與托伯莫里 Tobermory）。

顯然地，一開始的黑樽瓶身，都使用印有出自華特・蘭德（Walter Landor）詩句的棉紙包覆瓶身：

若問我熱愛威士忌的緣由，
五項原因便已足夠：
美酒、朋友、我的挖苦天性，
因為時光稍縱即逝，
無論什麼原因先乾為敬！

黑樽之所以備受喜愛，主要得益於其濃烈煙燻味與艾雷島式的調和（酒中調和了一些迪恩斯頓，但被泥煤味掩蓋了），與許多其他主要以泥煤味號召的威士忌相比，口感更加輕鬆清爽，而且價格實惠，適合日常飲用。

色澤 Colour 淺亮金黃色。
嗅覺 Nose 意外的清淡。在泥煤氛圍中帶有果香清新。
味覺 Taste 各種味道平衡良好。令人愉悅的甜味，增添煙燻風味。
餘味 Finish 威士忌餘味將要散盡時，泥煤味道再度回歸，餘星繚繞。

評鑑 Verdict

16

製造商	蘇格蘭　高地酒業公司 Highland Distillers
酒廠	無：調和威士忌
遊客中心	在克里夫（Crieff）附近的格蘭塔（Glenturret）蒸餾廠內附設有「威雀體驗中心」The Famous Grouse Experience
購買地點	全球各地均有售
價格	■□□□□

www.thefamousgrouse.com
www.black-grouse.com

Black Grouse　黑雀

長久以來，威雀一直居於蘇格蘭調和威士忌的銷量榜首，這都要歸功於該品牌每日令人不勝其擾的電視廣告（還好廣告本身還算有趣），並搭配著耳熟能詳的音樂，因此我不再多所著墨。若您覺得有必要，不妨自行參觀官方網站（個人認為他們的網站設計太繁複且不方便使用，不過可能只是我的個人意見），甚至直接拜訪位於克里夫的格蘭塔酒廠威雀體驗中心。該中心有點太過氣派以致有些偏離主題：商店、餐廳應有盡有，而小小的蒸餾廠隱藏在某個角落，等待您去把它挖掘出來。

不過近幾年「雀巢」中喜訊頻傳，為迎接更多可愛小雛雀們的誕生，高地酒業公司開始在市場進行低調行銷，以擴大產品種類。時至今日，這些雛雀其中的兩隻羽翼漸豐，能夠獨自翱翔，抵禦風浪——一隻名叫雪雀（Snow Grouse），是一款經過嚴格冷凝的調和穀物威士忌，雖然一般認為冷凝越少越好；另一隻便是黑雀。

有趣的是，黑雀與黑樽亦步亦趨。黑雀同樣也是艾雷島風格的泥煤味調和威士忌。2003 年高地酒業公司變賣旗下唯一的艾雷島唯一的酒廠——布納哈本（Bunnahabhain，不過當時並不以泥煤威士忌聞名），而今卻又重拾艾雷島風格，想想真是諷刺。

注意到煙燻威士忌的流行趨勢後，經營者調製出這款注重柔滑的口感與酒本身的香氣，令泥煤愛好者願意追逐它的風味，而非僅僅是有競爭力的價格。現在「威雀家族」已有 9 名正式成員，我敢說在此書出版時，會有更多的小雛雀誕生（抱歉，我並不打算要抗拒）。

色澤 Colour　熟成飽滿的金屬銅色。

嗅覺 Nose　充滿煙燻味與辛辣感，卻不顯得突兀。

味覺 Taste　各種口味平衡得恰到好處，令人心曠神怡；細膩順滑而包覆口腔，擁有威雀系列標誌性的甜美香氛，但隨後產生斯佩賽區與艾雷島融合後的辛香料及果香特色。

餘味 Finish　椰香帶出辛香料，隱約帶有煙燻味。

評鑑 Verdict

17

製造商	蘇格蘭　協調服務發展有限公司 Co-ordinated Development Services Ltd
酒廠	蘇格蘭　柯爾庫布里郡 韋格城 布萊德納克 Bladnoch, Wigtown, Kirkcudbrightshire
遊客中心	有
購買地點	專賣店
價格	■■□□□

www.bladnoch.co.uk

Bladnoch　布萊德納克

8 Years Old　8 年

布萊德納克不是本書中最出色的一款威士忌，但您卻必需買上一瓶，原因如下。

布萊德納克是目前仍存活的少數低地酒廠之一，並且是全蘇格蘭最南端的一家酒廠。1993 年 6 月由聯合酒業（帝亞吉歐前身）結束生產之後，愛爾蘭開發商雷蒙．阿姆斯壯（Raymond Armstrong）將之買下。

起初阿姆斯壯打算將酒廠改為住宅建築用地，但在威士忌之魂的庇佑下，不久，阿姆斯壯漸漸了解酒廠對當地居民的重要性，因此他下決心重新開始蒸餾威士忌。

但現實情形並不順利：當初阿姆斯壯與聯合酒業協議轉手廠房時，經由一番努力才得到蒸餾許可，但必須受限。但阿姆斯壯不屈不撓，不但抵擋了蘇格蘭對愛爾蘭的歧見，還憑藉出色的公關能力多方周旋，終於使得聯合酒業讓步，2000 年 12 月布萊德納克終於再度開始運作。

因此，阿姆斯壯被譽為守護威士忌的英雄，備受威士忌愛好者尊敬。同時，博學的他既富有責任感，又平易近人，樂意花上一整天的時間接待登門造訪者。時至今日，酒廠生意蒸蒸日上，有著一家令人感到賓至如歸的遊客中心，並且在官網上設有專門論壇，以虛心聽取各方意見。

在阿姆斯壯與人為善的領導風格下，蒸餾出的第一批酒於 2009 年 10 月於韋格城圖書展（Wigtown Book Festival）問市。請您為了協助當地人夢想成真，不妨慷慨解囊，每一瓶售出的威士忌，都有助於這份高貴的夢想實現。

色澤 Colour　淺稻草色。

嗅覺 Nose　檸檬皮、橡木與香草香，有些新酒的感覺，但是帶出堅果的暗示。

味覺 Taste　輕到中酒體，但有著口腔包覆感，明顯香草與焦糖布丁的味道。

餘味 Finish　餘韻悠長，輕盈而有辛香料。無論如何就買一瓶吧。

評鑑 Verdict

18

製造商	英國倫敦百利兄弟 Berry Bros & Rudd
酒廠	無：調和威士忌
遊客中心	無，但可造訪倫敦旗艦店
購買地點	專賣店
價格	■■■□□

www.bbr.com

Blue Hanger 藍爵

百利兄弟那典雅的門市就位於富人環繞的倫敦聖詹姆斯街（St James Street），因此想要尋找便宜貨的可能性非常小。但這裡還是隱藏了這麼支威士忌。儘管您可能會將之與頂級的葡萄酒聯想在一起，但請注意這是創造順風威士忌（Cutty Sark）的同一家公司，他們的確懂得威士忌。

藍爵是一款純麥威士忌，僅由數種單一麥芽混合，而未加入穀物威士忌。百利負責威士忌部門的是道格·麥基弗（Doug McIvor）為調酒師，在蘇格蘭威士忌產業中的眾多調和大師中，他受選使用已故大師麥可·傑克森（Michael Jackson）家中剩餘樣品混合，調製出紀念版調和威士忌，可見其地位顯重。

在這款第四版藍爵中，道格調和了三種 16 年到 34 年不等的陳年斯佩賽區麥芽威士忌：格蘭愛琴、格蘭利威與摩特拉克（Mortlach）。他自述這種威士忌的口感「被烙上了鮮明的雪莉桶印記，但我會盡量加以約束，以與其他橡木桶平衡」，其實此番話過於謙虛了；前一次發行的藍爵在 2008 年世界威士忌大賽調和麥芽類中摘下桂冠，而這次四度發行的藍爵則公認為是更勝一籌。更受人稱道的是，該款威士忌裝瓶酒精度為 45.6%，售價僅 60 英鎊。現在您只要禱告，希望廠商別作什麼多餘的包裝來增加售價。

此酒特殊的名字，來自於科爾富恩（Coleraine）的第三代領主威廉姆·亨爾（William Hanger），也是 18 世紀時百利的忠實顧客。因為他喜好穿著醒目的藍色服裝，因此得名「藍爵」。當然，您光顧百利專賣店時不須盛裝打扮，但店面的風格確實充滿著上流貴族的氣息。

色澤 Colour　陳年與雪莉桶帶來的深邃暗色。
嗅覺 Nose　馥郁飽滿，燉煮水果與柑橘樹香。
味覺 Taste　隱約含有皮革、香草與煮香梨混合香味，而後演繹為奶油軟糖與飽滿橙香，飽滿酒體。
餘味 Finish　略感乾澀，煙燻與堅果餘韻。

評鑑 Verdict

19

製造商	蘇格蘭　格蘭傑股份有限公司 Glenmorangie plc
酒廠	無：調和威士忌
遊客中心	無
購買地點	專賣店
價格	■□□□□

BNJ
Bailie Nicol Jarvie

BNJ
尼科・賈維長官

也許您會感到疑惑，為何要將這款不受經營者重視的威士忌收錄入榜？這款被愛好者們簡稱為BNJ的「尼科・賈維長官」威士忌彷彿是格蘭傑家族中不受寵愛的棄兒，但目前為止，公司決策層既未決定剝奪該品牌的生存權，亦無意願將它轉賣給慧眼識珠之士（本書付印時，有傳言說也許BNJ經營權將會面臨轉手，因此也許當您讀到此處時，它已順利找到了新家）。

該款威士忌算來已有一段歷史（我曾在一間高地狩獵小屋中發現一支精緻的戰前水晶瓶，恰似它的風格），並且與其他普通調和威士忌相比，含有極高比例的單一麥芽（多為格蘭傑與格蘭莫雷），因而創造出輕盈、微妙而複雜的口感，引得無數內行人的讚譽。

我非常欣賞BNJ的酒標設計，或許偏離主題，但我仍忍不住要提及酒標。相較於那些花俏的酒標設計，BNJ 精美而典雅的酒標在無形之中彰顯出您的不凡品位與獨到眼光，超脫時間的限制。更重要地，請不要因為售價低廉而低估它的實際價值。

也許這就是經營者一直不願大量宣傳的原因：其中混合的酒種皆為上等單一麥芽威士忌，若因此銷量劇增，則會導致難以回本。所以，趕緊穿上您的鞋子，趁BNJ仍活躍在市場時，切勿錯過機會，以免後悔莫及。

色澤 Colour　清淺。

嗅覺 Nose　清新花香，帶有明顯格蘭傑特徵。伴有優雅香梨與青草香氣——相當優雅。

味覺 Taste　這是一支非常平衡而表現出色的威士忌，幾絲煙燻氣息輕覆細膩的香水調性，另有清新水果與榛仁味道。

餘味 Finish　微妙而細膩。辛辣、巧克力與太妃糖混合餘韻，輕易將人俘虜。

評鑑 Verdict

20

製造商	蘇格蘭　莫里森．波摩酒業公司 Morrison Bowmore Distillers
酒廠	蘇格蘭　艾雷島　波摩 Bowmore, Islay
遊客中心	有
購買地點	專賣店
價格	■■■□□

www.bowmore.co.uk

Bowmore 波摩
Tempest 風暴

艾雷島最古老的波摩酒廠（建成時間不晚於 1779 年），廠內仍舊保留著地板發麥，產量供應蒸餾所需的三分之一。酒廠參觀導覽內容包括上述進行麥芽處理的樓層，此外，您也許有機會前往地上有著穿透孔的燒窯（裡面裝設有帶孔洞的金屬板，可以將穀物平鋪烘乾）。即使燒窯不點火時，室內也會溢滿帶有泥煤煙燻味的醇厚麥香。

當然，這便是艾雷島威士忌的精髓所在，也正是讓這裡的威士忌特別之處，波摩威士忌感覺更加平衡，泥煤含量也比它幾個島上的夥伴來得低些（以百萬分之一的酚來計算）。不過我們卻不可因此而小覷了波摩——它品質上乘，乃識酒之士競相收藏品鑑的對象。限量發行或已有一定年份的波摩為上品中的上品，頻頻現身於各種拍賣會中。2007 年 9 月，一瓶 1850 年份的波摩威士忌以 29,400 英鎊拍賣成交，創下世界紀錄。儘管不可避免的也引來了不少酒品真假的爭議，但我想得主絕對不會心生懊悔。

您可以嘗試這款風暴，這是支美味而以桶裝濃度裝瓶未經冷凝的 10 年波摩威士忌售價僅為 40 英鎊，實屬物超所值。雖然這款酒不具有 29,000 英鎊的身價，但足以開懷暢飲。在波摩種類繁多、不乏優秀得獎產品的威士忌品項中，它可以稱得上是我近幾年來的最愛。

若條件允許，請親身一遊酒廠吧。參觀行程設計妥當，遊客中心內的酒吧面對絕世的英道爾灣（Loch Indaal）景觀，即使是工作壓力大的都會精英，都不免在這樣的景色中忘卻世間紛擾，流連忘返。

色澤 Colour 亮金色。
嗅覺 Nose 略鹹的泥煤煙燻味，柳橙焦糖布丁與花蜜微香。
味覺 Taste 波摩標誌性的煙燻口感，伴有鹹味柑橘香。
餘味 Finish 海洋風格的餘韻，彷彿泥煤覆滿波濤洶湧的海洋，口感純淨清新。

評鑑 Verdict

21

製造商	蘇格蘭　布魯萊迪酒廠公司 Bruichladdich Distillery Company
酒廠	蘇格蘭　艾雷島 布魯萊迪 Bruichladdich, Islay
遊客中心	有
購買地點	專賣店及部分超市
價格	■■□□□

www.bruichlanddich.com

Bruichladdich 布魯萊迪

The Laddie 10 新萊迪 10 年

「我們相信，威士忌產業正發生變化，品牌變多，產品也增加——不過是由於利潤，而非熱情。由於全球巨型企業的掌控，造成市場同質化，可預測，並且對於現狀充滿信奉推崇……〔我們相信〕酒必須要能傳達土地的精神，展現人們的手藝。」

阿們。這些異端者是何許人物？

我想，如果來自於艾雷島，也沒什麼好驚訝的。偏遠地區自然激發出獨立自主的想法，無論您對這一群不妥協、不循理、不可抑制者有何意見，都不能削減他們的毅力。當然，我說的就是布魯萊迪，在十數年完全的獨立經營之後，終於在 2012 年七月落入企業手裡，納入人頭馬君度集團（Remy Cointreau）。本文開頭的引言，來自於此品牌的網站，卻正預言了這項改變。

但無論如何，我依然展開雙手擁抱新萊迪 10 年（The Laddie 10），因為，我終於知道這家酒廠的走向。我並不是唯一一個受其版本與過桶產品過多而瀕臨混亂惱怒的人，更別提它早期許多的公開宣告，帶有青春期般的暴風雨姿態。我總是會想起電影《飛車黨》（*The Wild One*）裡的馬龍．白蘭度。「你反抗什麼？」女孩問，「看你有什麼。」他反擊。

不過，他們現在已然成熟。但在熱情絲毫沒有減損的情況下，他們發展出一種深思熟慮後的良好蒸餾風格，並且有類似本產品這樣許多優秀的產品為之背書。如同真正的布魯萊迪風格，裝瓶酒精度為 46%，最初問世的版本大多來自波本桶，並加入奧羅露素（Oloroso）雪莉桶風味增添酒體。我認為，他們已然設立了一種標準，一種旗艦對照參考，定義了他們的酒廠風格，提供未來產品一個判斷基準。

如果這是十年來獨立經營的巔峰，那麼可說布魯萊迪為新經營者打下了高標準。全世界的威士忌部落客以及新萊迪愛好者們，都將盯緊它接下來的發展。

色澤 Colour 亮金色。

嗅覺 Nose 清淡、細微的香味，有甜味與獨特的波本註腳；帶有玫瑰花香水，混有海洋微風與輕輕柑橘香。

味覺 Taste 柑橘－濃郁的橘子果醬，辛香料、堅果、乾果和奶油軟糖。

餘味 Finish 橡木、黑胡椒、辛香料，在隱隱柑橘中消失。

評鑑 Verdict

22

製造商	美國　薩澤拉克公司 The Sazerac Company
酒廠	美國　肯德基州　富蘭克林郡　水牛足跡 Buffalo Trace, Franklin County, Kentucky
遊客中心	有
購買地點	專賣店
價格	■□□□□

www.buffalotrace.com
www.bourbonwhiskey.com

Buffalo Trace　水牛足跡

這間酒廠建立於西元1857年，但在那之前七十年就已開始蒸餾威士忌。它的肯德基州純波本威士忌（Kentucky Straight Bourbon）得獎無數，備受讚譽。同時，它在 1984 年發行的波蘭頓（Blanton）威士忌，是第一支以單桶裝瓶的波本威士忌。

除水牛足跡外，諸多其他品牌也在此處蒸餾，如稀鷹（Eagle Rare）、波蘭頓、羅克希爾農場（Rock Hill Farms）、漢考克（Hancock's）、艾爾默・T・李（Elmer T. Lee）、薩澤拉克裸麥（Sazerac Rye）與 W.L.韋勒（W.L. Weller）等，但我們在此要關注的是酒廠的自有品牌——於 1999 年上市後迅速贏得好評的水牛足跡。現在，他們可以在官方網站上當之無愧地自稱「1990 年以來贏得國際獎項最多的北美酒廠，在一百四十餘種國內外大賽中勝利而歸」。

肯德基州純波本威士忌的典範，也就是水牛足跡的核心，在於肯德基州蒸餾者相信酒窖中的特定幾層才能造就出品質最佳的威士忌（這些廠房特別命名為I、C和K），並且小規模嚴格挑選優質橡木桶，在如此嚴苛的條件下，還要經過評審小組精挑細選後才可進行蒸餾，最後僅有 25 桶可以調和裝瓶。

有趣的是，I、C和K三間廠房的設計其實大同小異，都是磚砌圍牆與木質橫樑，裡面擺滿了一排排的酒桶架，與蘇格蘭傳統堆疊式酒窖相仿的土質地面。到了冬天，要用蒸氣來提高迅速下降的室溫，好讓威士忌的陳年過程加速，這麼做正好讓我們愛好者能早些飲用。

英國的高級專賣店常見水牛足跡的蹤影。在我看來，該款威士忌是初識波本的最佳選擇，使得他牌相同價位的產品紛紛相形見絀。

色澤 Colour　淺古銅色。沒有著色。
嗅覺 Nose　香草與薄荷香，辛香料中伴有檸檬味。
味覺 Taste　香草、肉桂、紅糖與橡木的混合香甜。
餘味 Finish　乾澀而悠長。

評鑑 Verdict

23

製造商	英國　邦史都華酒業有限公司 Burn Stewart Distillers Ltd
酒廠	蘇格蘭　艾雷島 布納哈本 Bunnahabhain, Islay
遊客中心	有，可參觀廠內一些初級設施
購買地點	專賣店
價格	■■■□□

www.bunnahabhain,com

Bunnahabhain 布納哈本

18 Years Old 18 年

我對布納哈本的喜愛無以言表。為此，我曾在那裡度過了一個美妙的假期（原作為蒸餾廠的小屋有對外出租），那裡簡直是我有生以來遇到的最令人放鬆身心、最安靜的地方。

酒廠的建築設計更重視功能性，而非著重外觀表現。但由於座落在港口附近，盡享吉拉海峽（Sound of Jura）迷人風采。我從那兒度假歸來不久，布納哈本（Brunnahabhain）便轉手至一家千里達（Trinidad）的小型蒸餾公司邦史都華（Burn Stewart）旗下，總括來說這是一件好事。

轉投邦史都華之前，布納哈本被同門產品麥卡倫（Macallan）與高原騎士（Highland Park）耀眼的光芒所掩蓋。而如今看來似乎大魚游到小池塘，但是卻更適得其所。在轉手之後，原先基本蒸餾團隊成員依然保持不變，但品牌比過去得到更多的重視，並且快速推出了一系列引人注目的威士忌。

布納哈本原先僅有一款平淡無奇的 12 年單一麥芽威士忌，而如今卻擁有各種陳年年份，並且特別發行的版本幾乎都會贏得讚賞。在此要向諸位推薦的是調和的品質與價值皆為上選的 18 年單一麥芽威士忌。這款威士忌的泥煤味道不太強烈，但是酒廠正在實驗這類型的產品。若您喜愛泥煤的煙燻口感，那就不妨嘗試一下摩納（Mòine）或 Toiteach 的風格（不過這兩款威士忌市面比較難尋）。

如果您有機會前往艾雷島一遊，那將很有可能忽略地處偏遠的布納哈本酒廠。不過，錯過如此值得一看的地方，將會是極大的遺憾。

色澤 Colour 飽滿亮金色。

嗅覺 Nose 蜂蜜與堅果馨香的暗示，以及溫和的雪莉桶香氣。

味覺 Taste 太妃焦糖、舊皮革與橡木的混合味道。細品之下口感微鹹，伴有薄荷及甜味辛香料。

餘味 Finish 口感平衡，乾，有雪莉桶與辛香料調性，些微模糊的煙燻暗示。

評鑑 Verdict

24

製造商	英國　帝亞吉歐 Diageo
酒廠	北愛爾蘭　安特里姆郡 布希米爾 Bushmills, Co. Antrim
遊客中心	有
購買地點	專賣店
價格	■■■□□

www.bushmills.com

Bushmills 布希米爾
16 Years Old 16 年

酒廠的創建時間真的十分重要嗎？假設您得知布希米爾酒廠實際建成於 1784 年而不是 1608 年，您是否會因此而降低購買欲望？該酒廠的確對建廠日期非常敏感，甚至在瓶身與酒標上都會刻意強調廠房始建於 1608 年。實際上，雖然早在 1608 年在酒廠所在區域就獲得蒸餾許可，可是布希米爾這個商標一直到 176 年後才出現在它的酒瓶上面。在這近兩個世紀的漫長時間裡，布希米爾親眼見證了行業中的滄海桑田，原先的對手們早已不復存在。1784 年距今已十分久遠（恰好與美國獨立戰爭結束同年），強調年份其實沒有太多必要。不過，官方網站很清楚解釋了 1608 年歷史的由來，因此我們也不必再去深究。

現今隸屬帝亞吉歐旗下的布希米爾，是北愛爾蘭唯一一家保存至今的酒廠，也仍是一間成功的大酒廠。雖經歷了廠房大火、禁酒令時期與蘇格蘭威士忌的競爭等一系列劫難，布希米爾仍頑強地生存了五個世紀（若採用 1784 年建廠的說法則為三個世紀）。

標準布希米爾與優選黑林（Black Bush）皆為調和威士忌（耐人尋味的是，調和所需的穀物威士忌來源於愛爾蘭共和國，也就是其最大的競爭對手米德爾頓〔Midleton〕），但是酒廠同時也出產三種 100%單一麥芽威士忌，分別是布希米爾 10 年、16 年以及 21 年。

酒廠設有一流的遊客中心，在導覽的指引下，參觀者可以看到三次蒸餾法的動態操作。在布希米爾系列中，我選擇了 16 年單一麥芽作為推薦。長時間的陳年與將近一年的波特桶中換桶熟成，錦上添花般地賦予其更深沉的顏色，與更醇香的口感。相較之下，21 年的單一麥芽除了難求，價格也貴得驚人。

色澤 Colour	精緻的寶石紅，是在波特桶中換桶熟成的印記。
嗅覺 Nose	果香陣陣，甜美氣息引人入勝，伴有木質香氣。
味覺 Taste	明顯果香，但伴有麥芽帶出的太妃焦糖與巧克力。酒體中度偏上。
餘味 Finish	蜿蜒深邃，所有香氣盡在一杯，最後逐漸淡化消失。

評鑑 Verdict

25

製造商	英國　帝亞吉歐 Diageo
酒廠	蘇格蘭　法夫　卡麥倫橋 Cameron Bridge, Fife
遊客中心	無
購買地點	專賣店
價格	■□□□□

Cameron Brig 卡麥倫．伯里哥

這是一款穀物威士忌。穀物威士忌在蘇格蘭就像不可說的家醜一般，沒有人願意提及。但是，就是因為它是調和威士忌的基礎成分，蘇格蘭威士忌也不得不倚賴它。因為，如果沒有穀物威士忌，就不會有約翰走路（Jonny Walker）、威雀或百齡罈等等存在，單一麥芽調和威士忌芽的種類也就減少很多，因為大多數的單一麥芽酒廠都必須仰賴調和威士忌，以製造它們大多數的成品。

既然如此，為何大家要對穀物威士忌三緘其口呢？原因在於，穀物威士忌使用的工業生產線方式與單一麥芽不同，原料較為廉價。總括來說，穀物威士忌的廠房醜陋，並不致力保持威士忌產業所努力維持的形象。此外，大多數的穀物威士忌在熟成後幾個月內就會被用掉，也更因為它的中性特質而非較突出的特性，而受到讚賞。

儘管如此，當今市面上仍有幾款值得一試的穀物威士忌，希望各位不妨選擇一二以拓展威士忌眼界。康沛勃克司（Compass Box）的享樂主義（Hedonism）是其一（本書中亦收錄），但市面難尋，再者它是採用混合穀物製造。如果想價格更加親民一些的，不妨嘗試一下卡麥倫．伯里哥，雖然市面也並不常見，但值得探求。

若您試過並不中意，不妨利用它自行製作調和威士忌。取一空瓶，將卡麥倫．伯里哥裝滿半瓶，再加入其他您所喜愛的單一麥芽，搖晃均勻後，念幾句魔法咒語，您將搖身一變，成為一名調酒師！

色澤 Colour 暖金色。
嗅覺 Nose 乾淨的青草，無泥煤味，清新淡雅。
味覺 Taste 蜂蜜與辛香料，溫暖滑順（無年份標示，猜測有八到十年）。
餘味 Finish 微妙，令人驚喜的複雜口感。

評鑑 Verdict

26

製造商	英國　帝亞吉歐 Diageo
酒廠	蘇格蘭　艾雷島 卡爾里拉 Caol Ila, Islay
遊客中心	有
購買地點	專賣店
價格	■■□□□

www.malts.com

Caol Ila

12 Years Old

卡爾里拉

12 年

很高興能夠推薦像這樣的一款威士忌，一款相對不為人知，但是一旦品飲就永生難忘的威士忌。卡爾里拉（Caol Ila，蓋爾語發音）的地理位置，絕對是蘇格蘭威士忌酒廠中數一數二的奇特。座落艾雷島艾斯卡港（Port Askaig）之外的險峻山路盡頭，緊鄰海邊，與吉拉島相望。從經理辦公室向外眺望，可以看到海豹、海獺與各種各樣有趣的海鳥，還有吉拉島上巍峨壯觀的地形，與著名的三乳頭峰（Paps）（別偷笑，它們是壯麗的山丘）。

然而，這些都不是卡爾里拉之所以出名的原因。在艾雷島各種聲名大振的威士忌背後，由於經營者帝亞吉歐並沒有積極推銷卡爾里拉，而是作為調和威士忌的原料使用，因此使得這款酒一直擔任無名英雄的工作。有時帝亞吉歐也會推出特製酒款，但價格不菲使人望而卻步，購買地點的稀少更限制其市場的拓展。

因此，各位不妨嘗試一下卡爾里拉的 12 年單一麥芽標竿裝瓶，它不僅是卡爾里拉系列酒品中最平衡的一支酒，並且可以說是這類型的代表作品。與其他艾雷島單一麥芽相同，只要您是煙燻威士忌的愛好者，肯定能夠欣賞它。就像它更廣為人知的鄰居，萊根法爾林（Lagavulin）、拉弗格（Laphroaig）與阿貝，卡爾里拉 12 年就像個混身充滿泥煤味的強悍野獸，但一些鑑賞者認為卡爾里拉的口感偏甜。

卡爾里拉有很多不同的款式，甚至包括非泥煤口味的款示（是否多此一舉？）。但這款 12 年單一麥芽才是您所尋求的。若您喜愛它的口感，也可以繼續探索它的兄弟款，18 年單一麥芽，之後再試試看其它裝酒廠酒款。卡爾里拉 12 年是該酒廠的起點。

色澤 Colour 淺色。

嗅覺 Nose 香甜的麥芽味最先襲來，隨後陸續出現泥煤、太妃糖與溫和的檸檬味。

味覺 Taste 藥味但並不過份強烈，伴有濕潤青草、亞麻籽油與煙燻木材味。加入適量清水，可釋出甜點與更多泥煤、肉味。

餘味 Finish 泥煤煙燻與檸檬布丁口感交錯直至餘韻消逝。

評鑑 Verdict

27

製造商	蘇格蘭　起瓦士兄弟有限公司 Chivas Brothers Ltd
酒廠	無
遊客中心	無
購買地點	專賣店及免稅商店
價格	■■■■■

www.chivas.com

Chivas Regal 起瓦士
25 Years Old 25 年

俗話說「一分錢一分貨」，想要將這款威士忌納入收藏，您必須慷慨解囊。起瓦士 25 年在英國售價為 180 英鎊，是 18 年價格的 4～5 倍。但除了精美的瓶身、沉重的瓶塞和華麗的包裝外，我們多花的錢是到哪裡去了？

以斯特拉塞斯拉（Strathisla）酒款為核心，主要採用斯佩賽區單一麥芽，起瓦士 25 年是起瓦士調和大師科林．史考特（Colin Scott）的得意之作，自稱為「調和威士忌的巔峰」。根據官方，此款威士忌中還含有部分調和麥芽，已經「長時間」存放在木桶中調和。史考特在業界備受尊敬，他長期採取此法調製威士忌，並將此方式帶入令人羨慕的起瓦士精挑細選的麥芽酒庫。

起瓦士 12 年份長久以來就是備受推崇的奢華調和威士忌，但是起瓦士最初於 1909 年由原先經營者推出時卻是 25 年的產品，被認為或許是世界第一款超優質威士忌。在這款酒問世之前，僅有 12 年與 18 年調和威士忌。這款奢華的 25 年口感柔順馥郁，伴有水果與堅果香，混有濃郁巧克力柳橙與微妙煙燻的味道。

起瓦士 25 年在世界各地皆有售，但主要市場為美國與遠東，所以您雖然可以在英國的專賣店中尋得，但數量有限。精美的瓶裝設計使得這款酒成為送禮極佳選擇，當然，前提是在您願意割捨之下！

色澤 Colour 飽滿暗金色。

嗅覺 Nose 柑橘、熟成蜜桃、奶油聖誕蛋糕與堅果的混合香氣。

味覺 Taste 馥郁飽滿，充滿年代感，但依然令人備感活力。源源不絕的香氣。

餘味 Finish 煙燻風格，各種口感相互平衡，恰到好處。

評鑑 Verdict

28

製造商	英國　帝亞吉歐 Diageo
酒廠	蘇格蘭　薩瑟蘭郡 布朗拉　克萊力士 Clynelish, Brora, Sutherland
遊客中心	有
購買地點	專賣店與免稅商店
價格	■■□□□

www.malts.com

Clynelish 克萊力士

14 Years Old 14 年

在 80 多年前，有兩本書對其優異品質的描述，建立了克萊力士的良好聲譽，一本是喬治．聖茨伯里教授《酒窖筆記》（*Notes on a Cellar* by Professor George Saintsbury）與其學生阿尼斯．麥克唐納的《威士忌》（*Whisky*）。不過，由於原酒廠於 1983 年關閉，若還想嘗試類似當時書中所力薦的口感，您得花上數百英鎊去買一瓶 30 年的布朗拉（Brora）。

當經營者決定關閉建於 1819 年的原廠時，他們同時將克萊力士的名字移轉到新廠。後來原廠在 1967 年重新運營，但主要是製造調和用的重泥煤麥芽威士忌。原廠在 1975 年重新命名為布朗拉，之前一直與新廠共同使用克萊力士之名。經營者從未打算將兩廠以單一麥芽裝瓶，但由於市場需求日益升高，有鑑於酒廠的歷史地位，於是經營者（帝亞吉歐）最終發行了一些限量版本，頗受威士忌愛好者好評。

搞混了嗎？如果您心存疑慮，不妨檢查一下酒價。這款物美價廉的克萊力士 14 年單一麥芽價格，售價應該不到 35 英鎊。如果您看的酒價是三位數，請放回貨架，但注意手腳輕一點。

帝亞吉歐將這款酒戲稱為「隱藏版單一麥芽」（Hidden Malt）。儘管他們並非刻意想要隱瞞，但要找它的確得花費一番工夫，事實上，他們也無法提供太多到市面上，因為它也是約翰走路調和威士忌的主要原酒。當然，品嚐原始出典則更上一層樓。由於海邊的地理位置，這款帶有海洋風情的高地麥芽具有迷人的魅力。

色澤 Colour 充滿穩重感的金色。

嗅覺 Nose 撲鼻的辛辣而帶著香水氣息，與備受愛好者推崇的蠟燭油味（candle wax）。

味覺 Taste 黏度適中，奶油／蠟質口感充滿整個口腔。混合花瓣與熱帶水果、辛香料，伴有煙燻與蜂蜜的暗示。

餘味 Finish 口感乾燥並帶有鹹味，略感苦澀的尾韻。

評鑑 Verdict

29

製造商	英國　帝亞吉歐 Diageo
酒廠	加拿大　曼尼托巴省 金利 Gimli, Manitoba, Canada
遊客中心	有
購買地點	專賣店及免稅商店
價格	■■□□□

www.crownroyal.com

Crown Royal 皇冠

本書僅收錄兩款加拿大威士忌，並不是因為對加拿大威士忌沒興趣，而是由於不容易在英國尋得它們的蹤影。儘管我們羞於承認，但的確絕大多數消費者都未曾將加拿大威士忌放在眼裡。接下來，諸位將會發現這是個天大的錯誤。

皇冠是全球加拿大威士忌的龍頭，也是美國烈酒品牌第八名，這並非偶然。那略顯庸俗的茄紫色天鵝絨袋，帝王般氣息的瓶身設計，連在法國、日本、韓國等地都可以看到它的蹤跡。

這款威士忌的名稱「皇冠」並非僅僅是經營者的行銷噱頭，而是要追溯到1939年喬治六世（King George Ⅵ）與伊麗莎白皇后（Queen Elizabeth，也就是後來在書中各界稱為「女王之母」，以有別於同名女王的那位）造訪加拿大時，當時還是西格蘭（Seagram）經營期間，由於紀念而製造的一款限量酒。如今，皇冠經營權轉至帝亞吉歐旗下，自1968年起改於溫尼伯湖畔（Lake Winnipeg）的金利酒廠生產，這座酒廠是目前已消失的西格蘭公司在當時建立的水上地標，讀者不妨找出這段歷史好好研讀，這是錯誤決策與企業過度狂熱的絕佳案例。

皇冠系列包括皇冠珍藏（Reserve）、桶裝16號（Cask No. 16）與特優XR（這些酒款可能在北美免稅店販售）。愛好者對於標準版的支持長久不衰，可說是加拿大外交大使代表，更讚的是，1公升瓶裝常見於英國，性價比極高。

此酒款最令人詬病的就是那紫色的天鵝絨包裝袋，這一點對於有陳列酒瓶喜好者尤其困擾。但請您不要因此躊躇不前，或許網路上有人願意收購袋子，可能女孩們會想要買回去給自己的娃娃屋做個新窗簾。

色澤 Colour 純金色。

嗅覺 Nose 甜美香氣，伴有花蜜、紅莓與辛香料，混合橡木與香草香。

味覺 Taste 中等偏飽滿的酒體，水果與辛香料的暗示，甜而帶著奶油口感。

餘味 Finish 甜美怡人，餘韻悠長。

評鑑 Verdict

30

製造商	英國　愛丁頓集團 The Edrington Group
酒廠	無：調和威士忌
遊客中心	無
購買地點	主要在美國、西班牙與希臘，近幾年有回銷英國的趨勢
價格	■□□□□

www.cutty-sark.com

Cutty Sark 順風
Original 原味

或許是因為禁酒令的關係，有一段時期，這是在美國最暢銷的調和威士忌。這都要歸功於著名的酒品走私商威廉·麥柯船長（Captain William McCoy），費盡千辛萬苦載運真正的優質酒品上岸，以饗那些飢渴的顧客們，因而衍生了一句俚語「The real McCoy.」（「真正的麥柯」，意為正牌的東西或人）。有趣的是，這就是人們最初以為的「蘇格蘭」威士忌。

但是，與其充滿活力的黃色酒標相比，近幾年來它的光芒已經有些褪色，真是遺憾。酒液極其蒼白的顏色的確有些過時，但這款調和威士忌輕快、清淡的酒體，仍有許多令人享受之處。只是有一件事，雖然多年來此品牌由小型葡萄酒商貝瑞兄弟與洛德（Berry Bros & Rudd）負責市場行銷，但威士忌其實是由高地酒業集團進行調和，並且搭配適宜份量的絕佳單一麥芽威士忌，例如著名的格蘭路思、麥卡倫與高原騎士。事實上，高原騎士其實早在 1937 年就被調和酒商買下，以確保順風威士忌的生產量，但其實高原騎士自己本身已經得到了巨大的成功（請見另一篇）。早在 2010 年，高地的母公司愛丁頓集團（The Edrington Group）在它於英國重新上市時，從貝瑞兄弟的手裡買下，因此，相信愛好者未來可以對這款輕盈、清爽的威士忌寄予厚望。

到目前為止，集團主要著力於本文推薦的這支順風原味調和威士忌，但也有一系列其他年份品項亦值得一試。您會在倫敦充滿格調的酒吧中發現順風威士忌，它經常出現在雞尾酒的調製中，這便暗示著一種品嚐這種威士忌的好方法。儘管鮮少人知，但順風的高品質使得它成為一款完美的餐前酒或是調酒。不要被它清淺的色澤所迷惑，畢竟眼睛所能品嚐的有限。

色澤 Colour	淡金色威士忌，配以優雅細長的透明玻璃瓶身，與醒目的黃色酒標。
嗅覺 Nose	香草與一些穀物調性。
味覺 Taste	微妙細膩，是一款傑出的開胃酒威士忌。
餘味 Finish	清爽純淨。

評鑑 Verdict

31

製造商	英國　愛丁頓集團 The Edrington Group
酒廠	無：調和威士忌
遊客中心	無
購買地點	主要在美國、西班牙與希臘，近幾年有回銷英國的趨勢
價格	■■■■□

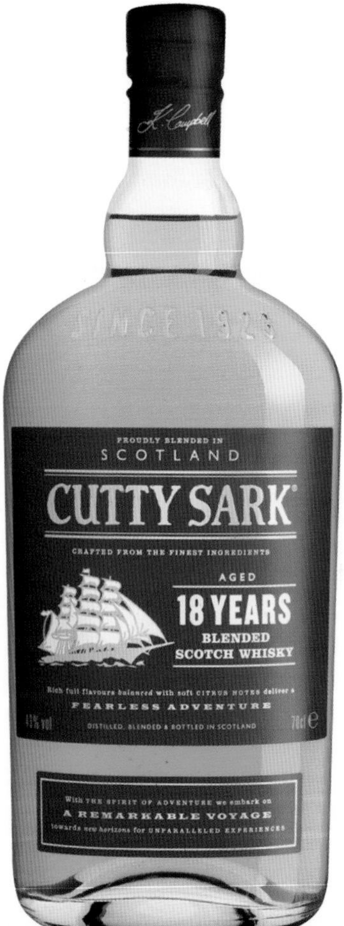

www.cutty-sark.com

Cutty Sark
18 Years Old

順風
18 年

大衛．麥克唐納（David MacDonald）曾把調和技術定義為「一門將嚴格甄選的熟成優質威士忌加以混合的藝術，各款原料威士忌皆具有其特殊風味與個性，混合後的成品卻能相互輝映，發揮加乘效果，卻不顯得單品的突兀。」

當然，這樣的觀點似乎太過理想化，忽略了我們酒架上那些較為廉價調和威士忌背後所代表的經濟壓力。不過，往好的方面說，卻充分適用於優良的調和產品，並且為酒廠設立了追求的方向，至少表現在最優質的產品上。偶而我們會遇到一款這樣的威士忌，將上面的定義活生生地呈現出來，順風 18 年便是這樣的一款威士忌。

請仔細品嚐這款威士忌：順風 18 年為藝術鑑賞家呈現出調和的完美，確實地傳達調和所要呈現的一切。我推測你永遠都不會厭倦喝這款威士忌。它是如此順口，如此均衡，精緻，調整得如此完美，即使最苛刻的批評家也會心滿意足，想要再續一杯。

對於瓶身所貼的順風酒標，您或許會感到驚訝，令人難以與順風標準調和威士忌產生聯想。兩者色澤一深一淺，一是清爽純淨，一是深邃豐厚。它所呈現的年份感非常好，就像斯提爾頓（Stilton）藍起司般完全熟成。喝的時候，讓我不斷想起賓利（Bentley）古董車——行動迅速，充滿企圖心卻安靜無聲，然而卻有莊嚴的自尊和優雅，唯有這種罕見的精巧與力量組合可以傳達。

讓我們稱頌並榮耀這個獨特創作背後的調和大師：克莉斯丁．坎貝爾（Kirsteen Campbell），這位新一代年輕的威士忌創造者，是調和社群中的新星之一。她以充分的熱情，向這個偉大威士忌的傳承挑戰。

色澤 Colour 深琥珀色，來自使此威士忌熟成的雪莉桶。

嗅覺 Nose 柔軟，泥煤，但帶有老橡木和深色的蜂蜜。

味覺 Taste 口感豐富，明亮而優雅，呈現出苦橙（Seville oranges）、太妃糖和豐富的水果。

餘味 Finish 悠長而滑順，木質暗示，一些辛香料和淡淡的煙味。

評鑑 Verdict

32

製造商	英國　帝亞吉歐 Diageo
酒廠	蘇格蘭　英弗內斯郡 達爾維尼　達爾維尼 Dalwhinnie, Dalwhinnie, Inverness-shire
遊客中心	有
購買地點	全球各地皆有售
價格	■■□□□

www.malts.com

Dalwhinnie 達爾維尼

15 Years Old 15 年

達爾維尼酒廠就位於A9公路旁，從愛丁堡通往因弗英斯（Inverness）的主要動線上，從路上就可以看見酒廠閃閃發光的塔型屋頂（pagodas）。但由於位於這段危險路程更加險峻的部分，駕駛時請勿分心去觀賞。或者，您也可以向南行進一哩停車，花一小時左右的時間參訪酒廠，觀賞小型的陳列設施。酒廠所有者帝亞吉歐經常強調達爾維尼是蘇格蘭地區最高的酒廠之一，這的確具有重大意義，然而對我來說，除了較低的大氣壓力對威士忌會造成的影響，它似乎具有一些在市場行銷的浪漫價值。事實上，酒廠地處偏遠的原因其實很平庸：當時原本被稱為斯特拉斯佩（Strathspey）而受到維多利亞時代建造酒廠型式的大幅影響，選擇座落在鐵路旁，以得到運輸優勢，不過該廠公關寧願以水源作為主要宣傳！

酒廠聲稱，「達爾維尼界於溫和、青草風的低地風格（Lowlands），以及距離向北25哩，險峻堅實的斯佩賽區風格之間，具高地風格，融合在溫和與激昂的擺盪之間。」不過，這樣的評價似乎低估了這款絲滑、包覆口腔威士忌的實際價值。

有趣的是，酒廠過去是使用銅製蟲管進行新酒凝結，在1986年經過更換，但由於對酒的特性影響太大，因此在1995年又更換回來。如此至今已超過15年，目前的酒款又到了爭論點，但由於在帝亞吉歐經典麥芽精選中，對於單一麥芽的需求，因此在當您閱讀本書時，市場產品可能又會回到蟲管濃縮的威士忌。

色澤 Colour 金黃色。

嗅覺 Nose 立即受到吸引，溫和的煙燻，帶有蜂蜜，完熟水果和石楠青草味。

味覺 Taste 經常會吸引那些「不喜歡威士忌」的人，入口後口感逐漸變複雜，傳出隱藏的深邃香草與微妙的柳橙暗示。

餘味 Finish 一些驚奇的煙燻味，接著甜點作結尾，或許也有點黑巧克力。

評鑑 Verdict

33

製造商	英國　邦史都華酒業有限公司 Burn Stewart Distillers Ltd
酒廠	蘇格蘭　珀斯郡 杜恩　汀斯頓 Deanston, Doune, Perthshire
遊客中心	無，可預約參觀
購買地點	專賣店
價格	■■□□□

www.burnstewartdistillers.com

Deanston 汀斯頓

12 Years Old 12 年

很少還有人會想起珀斯郡（Perthshire）過去曾是威士忌主要蒸餾中心，在歷史記錄中曾有超過百家的蒸餾廠。如今仍有六家持續運作。若非威士忌的硬派狂熱愛好者，沒有人還記得汀斯頓（Deanston）酒廠。

汀斯頓列入本書的名單中，是因為它是我所能想到改進最多的威士忌。它來自一家低調、不為人知而卻又引人好奇的酒廠。但請忽略直到 1785 年的相關資料，當時原為紡織廠的廠房建造完成，由理查．阿克賴特（Richard Arkwight）設計，運用尼斯河（River Neith）湍急的水流發電。今日，根據記錄，阿克賴特的酒窖提供威士忌陳年絕佳的理想狀況，酒廠用電仍然來自於尼斯河所推動的渦輪機。事實上，由於酒廠的發電量遠多於所需，因此多餘電量還出售給國家電網（National Grid），足以供應四百戶家庭用電。1966 年，紡織廠搖身一變，成為一家功能完備的酒廠。1969 年，生產出第一批威士忌，使用兩對大型的球形蒸餾器，每年可蒸餾 300 萬公升。蒸餾器上的巨大沸騰球促進高度逆流，形成一種輕淡果香的酒體特性。原本的用意是將之用來製作新款的調和威士忌，不過從未製成。

1974 年，汀斯頓首度以單一麥芽威士忌問市，漸漸發展出 12 年的產品。但坦白來說，當年的這款酒並不特別傑出，是不錯，但並不吸引人或讓人難忘。

但隨著新版問世，事情有了轉機。這款威士忌力道提高到 46.3%的酒精度，不再經冷凝過濾，並在上市前幾個星期裝入新橡木桶中調和，也不再上色。新的汀斯頓變好非常多，值得一試。一貫的清爽細緻，但您亦不需要每天都喝咆嘯的泥煤怪獸或重度雪莉酒特色。

色澤 Colour 金黃色。

嗅覺 Nose 清爽水果味，帶著麥芽，蜂蜜與堅果暗示，香氣襲人，花香。

味覺 Taste 理想餐前開胃酒。薑餅，香料和甘草。

餘味 Finish 悠長，略過乾澀，帶有令人愉悅的草本味，後味新木質調性。

評鑑 Verdict

34

製造商	蘇格蘭　約翰・德華父子有限公司 John Dewar & Sons Ltd
酒廠	無：調和威士忌
遊客中心	珀斯郡 艾柏菲迪 帝王威士忌世界 Dowar's World of Whisky, Aberfeldy, Perthshire
購買地點	在美國以及各國免税店、希臘銷售強勁。在英國銷售量日益提高。
價格	■■□□□

www.dewars.com

Dewars
12 Years Old

帝王
12 年

1988 年，百家得（Bacardi）收購了帝王公司之後，產品種類便大幅增加。這並非意指帝王昔日的白牌（White Label）系列有何誤差，但新上市的調和威士忌的品質則更達高標。人們覺得帝王需要更多的溫柔愛護，於是近幾年得到的關注大增。

與約翰走路相比，帝王調和威士忌的風格更為柔和，由於以艾柏菲迪單一麥芽為核心，帶有較為甜美的石南花蜜調性。這款平易近人、易於飲用的威士忌，可以加冰或調酒，或是直接飲用，或兌水享受皆可。

帝王十分擅長裝瓶前的調和技術，該技術由他們的首席調和大師 A.J.卡麥倫（A. J. Cameron）於 20 世紀初期所創。如今是在威士忌調和後，再儲放在特製調和橡木桶中至多 6 個月，使得風味充分和諧地融為一體。此外，由於公司堅持人的舌頭能探知儀器所偵測不到的風味細節，所以儘管耗時傷財，公司還是設有品酒小組。他們並非唯一這麼做的酒商，但作法獨特，確實有所區隔。

您可以上網到官方網站以進一步認識帝王，或直接造訪其位於艾柏菲迪酒廠的先進遊客中心。我必須承認，我本身參與了這支帝王 12 年份的創造過程（也非常引以為榮），但這件事已經有相當長一段時間，因此縱有瓜田李下之嫌，我依舊問心無愧，願向諸位全心推薦此款威士忌。

色澤 Colour	飽滿的黃金威士忌，時尚的包裝。
嗅覺 Nose	圓潤，水果，葡萄乾，橘子皮，太妃糖或奶油軟糖氣息，石南香暗示。
味覺 Taste	豐厚，水果香甜，良好的長度與重量，橡木暗示，柑橘調性，蜂蜜與牛奶糖。
餘味 Finish	風味圓滿，婉轉悠長，帶有甘草調性。

評鑑 Verdict

35

製造商	蘇格蘭　約翰·德華父子有限公司 John Dewar & Sons Ltd
酒廠	無：調和威士忌
遊客中心	珀斯郡 艾柏菲迪 帝王威士忌世界 Dowar's World of Whisky, Aberfeldy, Perthshire
購買地點	在美國以及各國免稅店，英國專賣店銷售良好。
價格	

www.dewars.com

Dewar's
Signature

帝王
典藏

我相信許多佳釀單瓶價位都在 100 英鎊以下，因此在此致力於不去推薦許多價格昂貴的威士忌。一旦您進入標價超過三位數字英鎊的威士忌，您會發現有部分的費用是在華而不實的包裝上（在供應鍊中，人人都分一杯羹）。再者，您所付出的可觀差額，很可能只是用來購買限量或年份，而不是與威士忌本身品質相應的進步。

典藏為帝王系列產品（這是 John Dewar 的原創產品，附帶一提，我想活力四射的公司少主 Thomas Dewar 本身也喜愛這種風格），的確有著奢華的木質包裝盒與別緻的瓶塞，英國一般售價 200 英鎊（可到機場免稅店尋找）。雖然如此，若遇到特殊場合，您也喜歡這種威士忌類型，還是物有所值。

就像約翰走路藍牌調和威士忌（帝王的主要競爭對手）一樣，典藏也是未標示年份，意思是說，調和的威士忌中，既有以艾柏迪為主、陳年年份非常久的威士忌，但也有陳年時間較短的品項，酒商認為如果年份標誌在酒標上，想必不會有人願意花大錢購買。即使他們原意並非如此，行銷團隊也會決意如此。

帝王典藏中的威士忌同樣經過調和過桶（請見帝王 12 年份之篇的詳述），這款調和威士忌中同樣含有高比例的單一麥芽，賦予滑順、豐富的口感，適合宴會餐後品味。

您不妨保留其華麗的包裝木盒，可以隨手作為飼養黃金鼠、沙鼠之用。

色澤 Colour　深金琥珀。

嗅覺 Nose　甜美、平衡、豐富、濃醇水果，奶油軟糖，奶油咖啡布蕾與香草冰淇淋，淋上溫暖太妃糖醬，產生牛軋糖、夏威夷豆、杏仁和絲絲蜂蜜。

味覺 Taste　濃醇、甜美，天鵝絨般的悠長，奶油口感。奶油太妃糖與蜂蜜，帶有冬日溫暖的水果，白葡萄乾、紫葡萄乾、蘋果與椰香的純熟調性。酒體紮實如天鵝絨般。

餘味 Finish　悠長複雜的結尾，溫暖滑順。

評鑑 Verdict

36

製造商	美國　薩澤拉克公司 The Sazerac Company
酒廠	美國　肯德基州・富蘭克林郡 水牛足跡 Buffalo Trace, Franklin County, Kentucky
遊客中心	有
購買地點	專賣店
價格	■■■■□

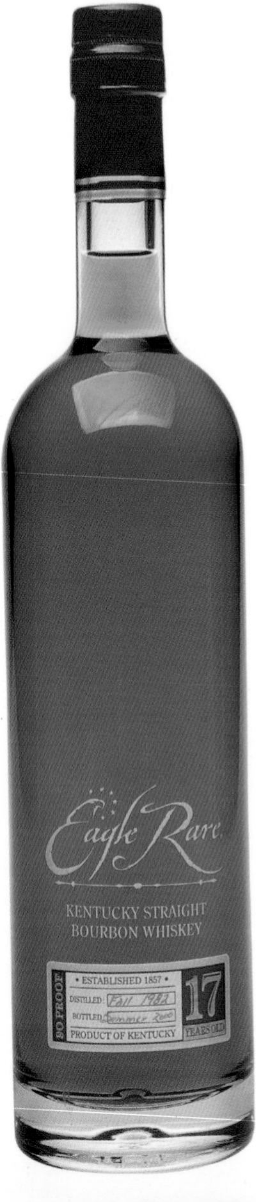

www.buffalotrace.com
www.bourbonwhiskey.com

Eagle Rare 奇鷹
17 Years Old 17 年

對於一般外行人來說，美國威士忌的各種品牌可能會顯得相當混淆：1975 年奇鷹（Eagle Rare）初現市面時，為 101 度（50.5%）的10年肯德基純波本威士忌（Kentucky straight bourbon whiskey），非單桶（not single-barrel），為施格蘭（Seagram）公司時期產品，這是目前被稱為「小批量」（small batch）時期之前發行的幾支新產品之一。之後，奇鷹經過不同的酒廠和公司裝瓶和行銷，包括肯德基州法蘭克福市的老工匠酒廠（Old Prentice Distillery）。

生產商兼進口商－薩澤拉克公司（The Sazerac Company），總部位於新奧爾良（New Orleans），是五家酒廠的母公司，於1989 年 3 月由施格蘭手中購得奇鷹。當時，薩澤拉克的肯德基州酒廠叫做喬治・T・斯塔格酒廠（George T. Stagg Distillery），但現則更名為水牛足跡（見本書他篇介紹）。

奇鷹系列有兩款產品，分別是 10 年份與這款年份更久、價格更貴，屬於水牛足跡古典珍藏（Antique Collection）的 17 年份。對於愛好者來說，本書內所介紹的一些傑出威士忌，一再追溯到水牛足跡，相信並不令人驚訝，但即使有這麼多的品牌和款示，依然鮮為人知（目前來說）。

因此，17 年份波本更顯得珍貴。大部分的波本威士忌的熟成都遠快於此，由於肯德基州的氣候，僅憑年份這一單項就可以導致相當的優質，但為了對酒廠公平，我們必須記得，蒸發散失量是比蘇格蘭高得多。17 年應該是此款威士忌的巔峰，純粹的滑順，很少有足堪匹敵者。

不可避免地，由於少量生產的批次不同，自然會產生差異，但整體水平可以預期是較高的，因此偏好優質而飽滿風味的波本愛好者們，如果想要尋找平衡良好的熟成酒體，相信不會讓您失望。

色澤 Colour 深沉而豐富的銅金色。
嗅覺 Nose 蜂蜜、焦糖與杏仁。
味覺 Taste 酒體厚重，甜味中帶有柑橘與香草奶油軟糖。
餘味 Finish 餘韻悠長，結束令人吃驚地乾澀。

評鑑 Verdict

37

製造商	美國　海悅酒廠 Heaven Hill
酒廠	美國　肯德基州　路易斯維爾市　伯漢 Bernheim, Louisville, Kentucky
遊客中心	有
購買地點	專賣店
價格	■■□□□

www.heaven-hill.com
www.bardstownwhiskysociety.com

Elijah Craig 美國 錢櫃
12 Years Old 12 年

美國錢櫃陳釀期至少 12 年，酒精度為 94 proof（約 57 %酒精度），從低於 70 桶的調和中裝瓶，這些酒桶都來自海悅酒廠水泥鐵皮屋頂酒倉的中高儲藏層。酒廠驕傲地宣稱，這是最早使用小批量生產的波本威士忌，在「小批量」字眼出現之前就已經開始生產。此外，美國錢櫃近來也獲得舊金山世界烈酒競賽雙金獎（Double Gold at the SanFrancisco World Spirits Competition），並在《威士忌》雜誌所舉辦的威士忌評酒大賽中贏得「威士忌之最」（Best of the Best）。

在這款威士忌的名稱背後有個精彩故事：牧師伊利亞．克雷格（Elijah Craig），1740 年左右生於維吉尼亞州橘郡（確切時間有幾種說法，若您在意）。1771 年，他受任成為浸信會傳教士，據猜測，這位牧師應該是個活躍角色，否則怎麼會因被指控破壞自己佈道時的和平安寧而短暫關入南卡羅來納州的牢房呢！

後來，克雷格帶領信眾們來到肯德基州的斯科特郡（Scott County）落地生根，形成聚落，即現喬治城（Georgetown）前身。老伊利亞是一個相當典型的原型社會企業家，他建立了許多生意，包括一家小型蒸餾酒廠，把大量的穀物轉換成威士忌；使得商品價值和運輸便利性大大提昇。在他的事業中，有一家酒廠稱為皇家泉水廠（Royal Spring Mill），後來，一場大火將廠內的木桶全部燒焦，但這位節儉的牧師卻將這批酒桶拿來為熟成。（至於這些木桶如何從桶子內部燒起來，則是一個神秘事件，我們就將之歸咎於天意吧！）

無論如何，為紀念他對威士忌的貢獻，克雷格被後人尊為「波本威士忌之父」，天堂山因此也用他的名字為酒命名。以上故事說完了。雖然是一個紀念故事，但酒本身的評價優越，是一瓶高價值的威士忌。

色澤 Colour 豐裕而溫暖的金棕色。

嗅覺 Nose 香氛多樣，有焦糖與蜂蜜前味，甜而不膩。

味覺 Taste 令人讚賞的複雜味道，許多橡木註腳，辛香料調味的水果與果醬。非常柔滑，包覆口腔。

餘味 Finish 香草的甜美，餘味悠然且愉悅地婉轉，調和良好。美味！

評鑑 Verdict

38

製造商	加拿大格蘭諾拉酒廠公司 Glenora Distillery
酒廠	加拿大 新斯科舍省　凱普布雷頓　格蘭維爾 格蘭諾拉 Glenora Inn & Distillery, Glenville, Cape Breton, Nova Scotia, Canada
遊客中心	有
購買地點	專賣店
價格	■■■□□

www.glenoradistillery.com

Glen Breton 格蘭布雷頓
Rare 珍藏

哎呀！這是本書第一款以「格蘭」（glen）開頭的威士忌，卻不是產自蘇格蘭。

不過說實話，當您看到酒標上面寫「加拿大唯一單一麥芽」字樣，並畫有顯眼的紅楓葉，以及「Canadian/Canadien」（加拿大／加拿大法語區）文字，您還會將它誤以為是蘇格蘭威士忌嗎？您是否買一瓶回家後，才猛然發覺自己搞錯了？顯然地，蘇格蘭威士忌協會（SWA）一直如此擔憂，因此為了不使消費者可能發生的錯誤，長久以來不惜耗費重金打官司，要求經營者將「格蘭」二字從產品名稱中去掉。

您也許會覺得這樣有些太苛刻，畢竟這款酒來自新斯科舍的格蘭維爾（Glenville in Nova Scotia），而且酒廠總裁洛奇．麥克里恩（Lauchie MacLean）為蘇格蘭蓋爾人後裔，從名字就可以知道設在加拿大的這個酒廠不是法國人。格蘭諾拉（Glen Ora）年產僅 25 萬公升，他們用來製造格蘭布雷頓的是銅製蒸餾器與大麥、酵母與水，製出的單一純麥口感明顯不同於大多數加拿大威士忌。

最後官司輸了，案子上訴到加拿大最高法院，在我看來，蘇格蘭威士忌協會的辯駁有失風度。無論如何，現在您可以在蘇格蘭買到加拿大產單一麥芽威士忌，一些經銷商回報，只有某些看來像是加拿大警察和伐木工人熱烈迴響，因此看來蘇格蘭威士忌產業似乎已經挺過了這次微不足道的痙攣性休克。

根據格蘭諾拉發言人鮑布．史考特（Bob Scott）表示，他們公司「來自凱普布雷頓的蘇格蘭蓋爾人後裔，展現特殊的能力，以獨到工藝製成特殊的單一麥芽威士忌，是加拿大獨有的」。

對於這場大衛與哥利雅巨人間的戰鬥（譯註：指小蝦米對大鯨魚），我們不妨拭目以待。

色澤 Colour 黃金琥珀色。
嗅覺 Nose 蘇格蘭奶油糖、石南花、蜂蜜與磨碎生薑。
味覺 Taste 奶油與一陣烤木頭香，杏仁與焦糖。
餘味 Finish 圓潤，悠長，消失時傳出甜味，微微泥煤的低語。

評鑑 Verdict

39

製造商	蘇格蘭 J&G 格蘭特 J&G Grant
酒廠	蘇格蘭　班夫郡　巴利達洛克　格蘭花格 Glenfarclas, Ballindalloch, Banffshire
遊客中心	有
購買地點	專賣店
價格	■■■□□

www.glenfarclas.co.uk

Glenfarclas 格蘭花格

21 Years Old 21 年

蘇格蘭的讀者們，現在您終於可以放輕鬆了——本篇所推薦的「格蘭」威士忌確實來自於美麗的蘇格蘭，格蘭之家。雖然與格蘭菲迪（Glenfddich）公司擁有者的格蘭特（Grants）家族無關，但擁有格蘭花格的格蘭特家族，卻代表著一個消逝的族群：獨立、家庭經營的酒商。

這樣的變化並不是說未來會有什麼危險，該企業家族的新一代已繼承祖業，並開始著手打理生意。目前公司的主席是約翰．L.S.格蘭特（John L. S. Grant），是第五代掌管酒廠的格蘭特成員，而其子喬治．S．格蘭特（George S. Grant）則出任公司品牌大使（順道提及，這真是個好工作——除了可以環遊世界，與眾人暢飲威士忌，而且可能還有其他好處。）

這個家族經營的關鍵在於注重一貫性，一是蒸餾風格，另一是管理。由於沒有短期投資股東的壓力，此類家族企業（包括格蘭菲迪）可以建立庫存，並將企業發展的目標放得更長遠。

格蘭花格的努力已見成效，新推出的格蘭花格家族桶（Family Casks）系列，來自於單一桶裝瓶，從 1952 年到目前的每一年份均有。其中一些年代久遠的版本不但品質絕佳，價格也非常划算，雖然有些超出了我所設定的 1000 英鎊預算，我在此不推薦，但卻依依不捨。若您初識格蘭花格風格的雪莉桶陳年、斯佩賽區威士忌，不妨選擇出眾的格蘭花格 21 年份，售價不到 60 英鎊，簡直是佔便宜，不過唯一令我遺憾的是酒精度只有 43%，我的挑剔不免有些雞蛋裡挑骨頭。若您偏好風味豐裕飽滿、適切有禮，而非盛氣凌人的威士忌（為何您會不這麼選呢？）此款絕對適合您。

色澤 Colour 顯著的深色，雪莉桶所致。

嗅覺 Nose 雪莉酒味，水果蛋糕，柑橘與甜點。無過熟或橡膠味。

味覺 Taste 非常完滿圓潤；舊皮革，乾果與深色柑橘醬。層次明顯。

餘味 Finish 豐裕，結尾起伏波動。

評鑑 Verdict

40

製造商	蘇格蘭 J&G 格蘭特 J&G Grant
酒廠	蘇格蘭　班夫郡　巴利達洛克　格蘭花格 Glenfarclas, Ballindalloch, Banffshire
遊客中心	有
購買地點	專賣店
價格	■■□□□

www.glenfarclas.co.uk

Glenfarclas 105 格蘭花格 105

我在本書中並未列入太多原酒（cask strength）威士忌，這是因為這種威士忌並不常見。但本篇所列的格蘭花格 105 確實值得一試，性價比也很高。原酒威士忌，就好像能讓您偷偷溜進酒倉，直接將桶中佳釀取出品嚐。該款威士忌未經過濾，因此完全保留了威士忌的自然酒體，同時也未經稀釋。

嚴格來講，格蘭花格 105 並非原酒，這是因為它的裝瓶酒精度為 60%，不過也接近原酒。這款酒並不是單桶瓶裝酒，卻具有一致性的酒精度標準。這款大概是市面上最容易找到的高酒精度威士忌，同時也是最早發售這種類型的威士忌之一，這就是我在此所推薦的原因。

這是一款烈酒。但在此要提出，不要因為男子氣概而開瓶直飲（雖然您必須淺啜幾口以嚐風味），而是請您依照個人喜好加水稀釋，但仍可保留酒天然狀況的飽滿油質。同時，當您這麼時，也等於在支持一個瀕臨絕種的珍稀動物：一個獨立的家族經營蘇格蘭威士忌公司。萬歲！

格蘭花格是雪莉桶的忠實擁護者，這在一個家族企業中很少見，他們非常驕傲於自己的獨立自主。他們小心翼翼地、正確地捍衛保護他們的品質聲譽，你永遠不會在這個酒標上看到任何二流產品。

若您到附近造訪，不妨花一個早上到該廠的遊客中心參訪，非常值得。

色澤 Colour 深金色，顯示在頂級品質的前雪莉桶中熟成。

嗅覺 Nose 明顯可知為強烈的威士忌，水果與紅酒的註腳，焦糖與巧克力。

味覺 Taste 明顯的雪莉木桶香，但背景有蜂蜜，甜巧克力與乾果。

餘味 Finish 帶有煙燻味，悠長葡萄酒餘味，整體帶著蜂蜜味。

評鑑 Verdict

41

製造商	蘇格蘭　格蘭特父子酒業有限公司 William Grant & Sons Distillers Ltd
酒廠	蘇格蘭　班夫郡　達夫頓　格蘭菲迪 Glenfiddich, Dufftown, Banffshire
遊客中心	有
購買地點	世界各地皆有售
價格	■■■□□

www.glenfiddich.com

Glenfiddich 格蘭菲迪

18 Years Old 18 年

格蘭菲迪是全球最暢銷的單一麥芽威士忌，這要歸功於其具有堅定遠見的獨立家族企業，早早就在其他企業財團之前搶先提倡單一麥芽。現今普遍認為，格蘭菲迪致力行銷始於 1960 年代，但我曾見過該品牌在二次大戰之前、上面有廣告的倒酒器，表示早在調和威士忌的時代之前，已經有一部分幸運的威士忌愛好者開始轉向單一麥芽的魅力了。

不過儘管如此，無所不在的格蘭菲迪卻遭到了一些單一麥芽愛好者的抗拒，認為知名度高，品質不一定好。由於格蘭菲迪到處可見（確實如此），難免受到自認內行者的批評。

不過，任何抱有這種想法的威士忌偏執者，可能正因此錯失佳釀。作為家族企業，格蘭特父子（William Grant & Sons）公司得以對他們的威士忌進行長遠規劃，而不必每隔半年就向那些貪婪短視的投機股東們公布財報。其結果是該公司擁有可觀的、年份久遠的格蘭菲迪庫存，對於一些品鑑者來說，似乎並沒有得到應有的評價，因此算是價格很實惠的產品。

若您荷包充實，不妨考慮一下進階的格蘭菲迪 30 年（接下來您會讀到我的推薦）。不過，若為負擔得起的日常酒款，帶來實在的愉悅，還是以這款 18 年為佳。這是一款絕佳的斯佩賽區威士忌，堪稱威士忌之經典代表，這家酒廠值得全球愛好者真誠的讚賞與致謝。

色澤 Colour	豐裕，溫暖金色。
嗅覺 Nose	經典斯佩賽區風格——水果，香氛，非常清新的氣息。
味覺 Taste	可以發現很多：蘋果，強烈柑橘調，但深度足夠，帶有深色莓果與橡木。
餘味 Finish	優雅，良好詮釋。

評鑑 Verdict

42

製造商	蘇格蘭　格蘭特父子酒業有限公司 William Grant & Sons Distillers Ltd
酒廠	蘇格蘭　班夫郡　達夫頓　格蘭菲迪 Glenfiddich, Dufftown, Banffshire
遊客中心	有
購買地點	世界各地皆有售
價格	■■■■■

www.glenfiddich.com

Glenfiddich 格蘭菲迪

30 Years Old 30 年

我知道，又一款格蘭菲迪，多無趣啊。

大錯特錯。

請放下您先入為主的偏見吧。這款酒在大多數英國折扣店售價為 200 英鎊（免稅店更便宜），品質上乘，幾年前曾有過很棒的折扣。雖然沒有像一些威士忌具有華麗的箱子包裝與編號，但這款酒贏得 2007 年全蘇格蘭威士忌商挑戰賽（Scottish Field Merchant's Challenge）冠軍，具有價值和決定性地位。

如前一篇所言，格蘭菲迪的經營者是一個家族企業，完全獨立，他們有許多庫存，還有一顆單純做事的心。許多員工已在公司工作數十年（有的甚至家中幾代人都為這個公司賣力），這意味著該公司在思想、習性與實踐上，都具有少見的一貫延續性。

我並不意指他們墨守成規或抗拒進步，但由於他們對時下的流行時尚的免疫力，卻反而造成一種獨特的流行風格。容我提醒您，此酒廠每年主辦當代藝術展，往往展現出特殊的觀點，例如將消防砂桶懸吊在酒廠牆壁半空中，或者把幾輛汽車堆疊起來，用膠帶綁在一起等等，可見他們對於公司形象有所敢為。當然，還是回到威士忌。

這款威士忌香氣四溢。已故的麥可·傑克森稱其為「豪華卻又節制低調」，這句話也同樣地描述了該公司。格蘭菲迪亦有 40 年與 50 年，但大為昂貴，若為您的口袋著想，還是僅止於此就好。

色澤 Colour	深邃而充滿誘惑。
嗅覺 Nose	新鮮水果味襲來，雪莉註腳的辛辣味。
味覺 Taste	中等酒體，包覆口腔，熱帶水果、蜂蜜、辛香料與新鮮水果。帶有深色莓果風味。
餘味 Finish	綜合上述所有風味，橡木暗示與淡淡煙燻，份量良好。

評鑑 Verdict

43

製造商	蘇格蘭　格蘭格拉索酒廠有限公司 Glenglassaugh Distillery Co. Ltd
酒廠	蘇格蘭　阿伯丁郡　波索伊　格蘭格拉索 Glenglassaugh, Portsoy, Aberdeenshire
遊客中心	有新遊客中心
購買地點	專賣店
價格	■■□□□

www.glenglassaugh.com

Glenglassaugh 格蘭格拉索

The Spirit Drink That Dare Not Speak Its Name 無法直呼其名的烈酒

格蘭格拉索於 1986 年停產，但出乎眾人預料，於 2008 年底復於新東家重生，並在健全的投資下使得老酒廠重新營運。

現在，我想告解，事實上是兩點告解。

不過，由於我參與過此產品的規畫與發展，因此如果您覺得有廣告之嫌，敬請忽略我的評論。而且事實上這還不是威士忌，所以你可以將目光移開。

在酒廠中這款格蘭格拉索以「新成酒」（clearic）聞名——新鮮的烈酒直接來自於蒸餾，但暫時還不能稱之為威士忌，除非儲存在蘇格蘭酒窖中的橡木桶中超過三年（一天都不能少）。直到 1915 年陳釀的法律頒布之前，許多人所飲的「威士忌」都像這樣未經熟成。而在 1970 年代在實際工作慣例方面有更多人身健康與安全的法條規定之前，許多烈酒以半官方的「試飲」之名在酒廠中直接喝掉。其實時至今日這種現象依然持續，只要您知道上哪兒打聽、向誰打聽，並且閉上你的大嘴巴（很明顯地，喝酒的時候無法閉嘴）。

因此，若您想知道威士忌如何展開生命，您必須嘗試這款酒。另外也有一兩家酒廠出產類似的新酒產品，但在我看來（這麼說絕不是只因為我的參與），這款酒絕對是最佳之選。這款酒充滿水果香，非常清澈而香氣馥郁，卻令人意外的複雜，在陳年後的表現應該也很好。裝瓶時酒精度為 50%，不算太強烈或過於新酒味，稀釋得夠位。此款還有一種在紅酒桶中熟成 6 個月的酒款，呈現令人愉悅的玫瑰紅色澤。

品嚐這款酒時，您可以想一想，這可能就是曾祖輩所飲的酒。

色澤 Colour 無色，加水呈現輕微霧狀。可以看一下有呈現黏度的精細漩渦。

嗅覺 Nose 油霜質感奶油軟糖與卡式達奶油醬，接下來轉變為甜味乾草與新割青草。加水後，這款烈酒充滿花果香氛。

味覺 Taste 起初有強烈的辣椒與黑胡椒的衝擊，接著是太妃糖與甘草。

餘味 Finish 鼻腔充滿清新果香，口腔內辛辣而甜美。

評鑑 Verdict

44

製造商	蘇格蘭　格蘭格拉索酒廠有限公司 Glenglassaugh Distillery Co. Ltd
酒廠	蘇格蘭　阿伯丁郡　波索伊　格蘭格拉索 Glenglassaugh, Portsoy, Aberdeenshire
遊客中心	有新遊客中心
購買地點	專賣店
價格	■■■■□

www.glenglassaugh.com

Glenglassaugh 格蘭格拉索

26 Years Old 26 年

是的，我知道已提過這家小小的酒廠，我也知道這款酒昂貴又難尋，可是它值得。這是我個人百喝不厭的幾款最愛之一，但若非有幸為該酒廠工作，恐怕我永遠不會發現這支酒（當然這是個人告解）。儘管如此，請勿因人而廢此款威士忌。

在此您會體驗到它長時間熟成於優質木桶中，所產生微妙而迷人、充滿香氣的一款新型精緻烈酒。這款威士忌的蒸餾始於1986 年之前，當時幾乎所有格蘭格拉索的產品主要是用來調和順風所出產的威士忌。由於這並不是一款風味強烈或色澤特別深的威士忌，因此調和師並不在於尋求調和後顯著的風味，而是更多複雜的細緻口感。

因此，他們傾向於使用「重裝」桶，也就是說，使用曾經儲存波本或雪莉酒至少一次的橡木桶（更可能多次）來製造蘇格蘭威士忌。不過，由於偶而格蘭格拉索並不是都用盡所有產量，因此有些酒會在寂靜中繼續熟成。

在這些偶然狀況下，雖然並不是時時發生，但隨著時間的增加，美酒愈加美味。新經營者接手後，將這些橡木桶中的陳年佳釀裝瓶銷售，一開始發行的版本為 21 年，接著則是這款 26 年。一旦這些威士忌售罄，就沒有了，世界上再也找不到，因此兩種年份的威士忌都非常值得追尋。

所以，趁還買得到請您務必珍藏。這是一款滑膩而繁複，略顯甜味的威士忌，我覺得相當迷人，特別適合作為忙碌一天後的深夜犒賞。該酒呈現出格蘭格拉索酒廠的明顯特色，但此酒中又多了些雪莉桶風味，增添了豐裕與深度。

色澤 Colour 暖稻草色，較之 21 年色深。
嗅覺 Nose 非常精妙，乾果，聞起來風味年份較輕。
味覺 Taste 複雜，富有層次，辛香味調性與馥郁果香、焦糖共舞，絕妙平衡。
餘味 Finish 香草註腳帶出新鮮氣息，結尾悠遠而微帶有辛辣感，是由於雪莉桶的影響，但並不突兀。

評鑑 Verdict

45

製造商	蘇格蘭　伊恩．麥克勞德酒業公司 Ian Macleod Distillers Ltd
酒廠	蘇格蘭　格拉斯哥基連附近 丹格尼格蘭哥尼 Glengoyne, Dumgoyne, nr Kilearn, Glasgow
遊客中心	有
購買地點	專賣店
價格	■■■■□

www.glengoyne.com

Glengoyne 格蘭哥尼

21 Years Old 21 年

我對格蘭哥尼懷有很深的情感，因為這是我有生以來參觀的第一家威士忌酒廠。當時恰逢我的蜜月假期，我的妻子對這件事應該早有預感，即使直到後年後威士忌才在我的生命中佔領一席之地。然而，至今她仍不時提起這段軼事。

時光荏苒，蜜月旅行距今已過21年（譯註：本書寫成於2010年），可見我倆當初做了些正確的事。這座酒廠由愛丁頓集團轉手至現任經營者之後，展開新的生命，先後斥巨資打造了傑出的遊客中心，增加產量與新產品。

他們高調地宣佈所有使用的麥芽都是無泥煤味，他們也宣佈使用的大麥全是「黃金承諾」（Golden Promise），這種大麥在傳統上製作威士忌的評價甚高，但植株容易生病並且酒精產出量較低。事實上，強調長期使用「黃金承諾」的麥卡倫，也由於威士忌產量的增加，已經靜靜的放棄這種大麥，讓格蘭哥尼成為最後一間蘇格蘭酒廠中仍在使用這種老式麥種的酒廠。

無泥煤麥芽，酒廠說，意指您得到「真正的麥芽原味」。

無論實際真相為何，總之，這是一款迷人的威士忌，值得您進一步認識。此系列有多種年份版本，但以21年的風格最佳。若您真的想灑錢，也有玻璃瓶身更為精美的40年份，不過價格在此不宜印出。以一瓶40年份同樣的價格，可以買將近50瓶的小美人21年份，我知道我寧願會買哪一種。

色澤 Colour 光輝的古金色。明智地使用100%的雪莉橡木桶，賦予飽滿富裕與深度。

嗅覺 Nose 甜味與蜂蜜香。雪莉酒、熟蘋果，微微烤蘋果派。

味覺 Taste 初始傳來太妃糖、香草與雪莉酒調性，接著是些許香辛料，非常溫的展現出來。有人認為具有「燉梨與卡式達奶油醬」香味。

餘味 Finish 相當悠遠，滑順、溫暖，消逝時傳來溫和辛香料調。

評鑑 Verdict

46

製造商	法國　酩悅・軒尼詩・路易・威登 LVMH
酒廠	蘇格蘭　羅斯郡　泰恩 格蘭傑 Glenmorangie, Tain, Ross-shire
遊客中心	有
購買地點	各酒款普遍容易購得
價格	■■□□□

www.glenmorangie.com

Glenmorangie 格蘭傑

Quinta Ruban 昆塔盧本

格蘭傑的長期經營者（主要是麥克唐納家族）於 2004 年 10 月將該品牌以 3 億英鎊的價格轉手給法國著名奢華品牌酩悅·軒尼詩·路易·威登集團（LVMH），一時造成輿論轟動。

之前，公司似乎有些人格分裂，既想維持格蘭傑與接近地位的阿貝在高階威士忌的形象，但又想與低階品牌競爭，以拓展超市業務。然而，路易威登集團還是屬於單純的奢華品行業，但無論在文化風俗、價格與市場定位上，「優質品」與「奢華品」畢竟還是存在很大差異。

因此，他們決定減少對於調和威士忌的努力，轉讓了格蘭莫雷（Glen Moray）酒廠和品牌，並且重新組成、重新包裝與重新發行格蘭傑（Glenmorangie）的產品範疇，以嘗試吸引更多想要買奢華烈酒的國際買家。

據英國的國際葡萄酒與烈酒記錄研究機構（IWSR）的研究分析師，自 2000 年至 2008 年，格蘭傑的市場占有率逐年下降，低於世界單一麥芽威士忌零售銷量值增加率，而且儘管品牌經過重整，銷量還在繼續下降。這個結果並不令人驚訝，但新的策略是否奏效則有待觀察——麥芽威士忌的愛好者對於新包裝有著分歧的意見。然而，最終決定則在於遠東市場及不穩定的金磚四國市場捉摸不定的奢侈品消費者。

在這些威士忌中，昆塔盧本或許是其中最有趣的。格蘭傑領先使用現今業界常見的過桶技術，他們在 1990 年便開始使用波特桶（Port Wood）在過桶處理上。這是個很好的創新，即使後來業界競相仿效，但他們依然是最好的。

色澤 Colour 飽滿而溫暖的紅金色。

嗅覺 Nose 原型格蘭傑特有的微妙與複雜性，新的深度。

味覺 Taste 絕佳的平衡，複雜性和豐裕，水果調性，巧克力與若隱若現的甜味。

餘味 Finish 餘味悠長，充滿神秘感，忽隱忽現。結尾時衝出巧克力柳橙。

評鑑 Verdict

47

製造商	蘇格蘭　高登麥克菲爾 Gordon & MacPhail
酒廠	無
遊客中心	蘇格蘭默里郡　愛琴 南街零售點 Retail Shop, South Street, Elgin, Morayshire
購買地點	專賣店
價格	■■■□□

www.gordonandmacphail.com

Gorden&MacPhail 高登
Glen Grant 25 Years Old 格蘭冠 25 年

到現在，相信細心的讀者已經觀察到，本書所有介紹的酒款，都是對原廠發行裝瓶的介紹，而沒有「第三方」裝瓶廠酒款。原因有幾個，包括是否容易買到，以及獨立裝瓶那繁複的選擇帶來的風險。但我必須開啟特例，為了這間世界最偉大的裝瓶廠，位於愛琴（Elgin）的高登麥克菲爾公司。

1895 年 5 月，詹姆斯．高登（James Gordon）與約翰．亞歷山大．麥克菲爾（John Alexander MacPhail）在愛琴南街開始了他們「位於市中心、寬敞便利的門市」，宣告承諾顧客「以實惠的價格提供最佳的產品」。時至今日，他們依然保持承諾。任何酒標上標有高登的產品，您儘管放心購買，絕對合乎心意，品質保證。

今日的高登經營超過百年，他們直接從各家酒廠購買新成烈酒——意指他們提供或挑選酒桶，然後裝入直接來自於酒廠的「新酒」。接著，在高登自己的大倉庫或者酒廠的酒窖中熟成。等到高登認為時機成熟，再裝瓶發售。由於公司早年政策即是如此，因此他們儲存有大量年份悠久的珍稀威士忌。事實上，高登宣稱藏有全球最大範圍的威士忌酒種，所有品項可以在愛琴的零售店中一覽群像。那兒是一個名副其實的威士忌大教堂：人人都知道，在那裡，成年男子會感動的流下眼淚，必須被小心地移送到安全的地點。

可惜，我只能從他們的威士忌中選擇一款，因此我挑了格蘭冠（Glen Grant）25 年。這款酒打破了價格，呈現出此酒商有多麼傑出，可以將威士忌年份熟成如此得當。想要挑出這款優質威士忌的缺點簡直是無禮，但我想若將酒精含量調整至 46%，會更加出色。但請萬勿因此躊躇不前。

色澤 Colour	溫暖和豐富的色彩。
嗅覺 Nose	深色水果，蛋糕與巧克力。
味覺 Taste	豐裕卻絕不過分張揚，複雜的，豐富的，微有甜味。
餘味 Finish	非常一致，餘味悠長婉轉，伴有柑橘暗示與紅色漿果果醬。

評鑑 Verdict

48

製造商	愛爾蘭酒業集團 為米切爾父子公司所製造 Irish Distillers Group for Mitchell & Son
酒廠	愛爾蘭　科克　米德爾頓 Middleton, Cork, Ireland
遊客中心	都柏林 CHQ 大廈零售店 CHQ Building, Dublin
購買地點	稀少
價格	■■■□□

www.mitchellson.com

Green Spot 綠寶

　　這是一款傳奇的愛爾蘭威士忌，在寂靜和虔誠的色調中訴說著。儘管這款威士忌難以找尋（年產量僅 6000 瓶），我還是必須推薦，雖然我因此打破了自己的原則，但這款酒實在太特殊，因此例外是必要的。

　　想一想腔棘魚。腔棘魚是一種百萬年前便早該滅絕的活化石，但卻出現在漁網中，引起科學家的震驚。綠寶便是威士忌界的腔棘魚——一個屈指可數的巨人，成為頑強的生存者。

　　照理來說，這種愛爾蘭罐式蒸餾（Irish pot still）威士忌不應存在。所謂「罐式蒸餾」威士忌，是指將未發芽的大麥與麥芽混合（不同於蘇格蘭的純麥芽），放入愛爾蘭銅製蒸餾器（較蘇格蘭蒸餾器為大）中製造。混合麥芽賦予愛爾蘭罐式威士忌滑順而具油性的特色，三次蒸餾則帶來純淨感。

　　傳統上，愛爾蘭零售商一般都會從當地酒廠購入威士忌，再貼上自家酒標出售。但由於愛爾蘭酒業一個接一個地衰敗，這種現象基本上現已絕跡。但都柏林的米切爾父子集團（Mitchell's of Dublin）卻是個例外（但他們曾一度曾發售過藍、黃、紅寶系列）。如今，綠寶只特為米切爾所產，全部是七到八年左右的麥可頓（Midleton）罐式蒸餾威士忌，其中 25%經過雪莉桶熟成。

　　綠寶曾一度是這種風格威士忌唯一的倖存者，而今天還有知更鳥（Redbreast）與麥可頓加入，而愛爾蘭酒業（IDL）也重新發售 12 年份的黃寶（Yellow Spot）。更重要的是，他們做了新的打扮，現在瓶身上有一個非常優雅又時尚的酒標（舊的比較像腔棘魚）。不過，無論是新標或舊標，這確實都是一款非常精美的威士忌。

色澤 Colour　淺金色。
嗅覺 Nose　青梅果醬，乾淨。
味覺 Taste　相當獨特！蠟質，活潑而充滿蜂蜜與薄荷調性，非常乾淨。
餘味 Finish　消失得很快，但甜味縈繞不去，令人好奇的煙燻味。

評鑑 Verdict

49

製造商	日本　三得利 Suntory
酒廠	日本　白州 Hakushu, Japan
遊客中心	有
購買地點	專賣店
價格	■■■■□

www.suntory.com

Hakushu 白州

18 Years Old 18 年

1973 年，三得利第二間酒廠在白州建成。白州位於日本南阿爾卑斯山（Southern Japan Alps）的甲斐駒岳（Mt Kaikomagatake）山腳下，四周圍繞著松樹林，山泉湍流。（「白州」意為白色沙質河岸，而白色在日本代表神聖的色彩。）1981 年，經營者擴建白州（西）酒廠，在這裡生產的單一麥芽受到高度重視，而原先酒廠至 2006 年則停止運作。曾經有一段短暫的時間，這家廠房是世界上最大的單一麥芽酒廠。

目前白州西酒廠中有 12 個蒸餾罐在運作，以日本的方式，形態各異的設計，讓酒廠得以蒸餾出風格非常歧異的新酒。麥芽的處理工作在山崎（Yamazaki）進行，穀物從蘇格蘭進口。在白州酒廠有一間廣闊的遊客中心，包括展示中心、禮品店、餐館，還有一間博物館座落在一個之前作為發芽的屋子，具有戲劇性的獨特雙層寶塔屋頂結構，與連結的橋。

在英國普遍可見該品牌 12 年與 18 年版本，而 25 年與一些限量版則偶爾可在專賣店中看見。這些都是優良的日本威士忌，但如果可能，請儘量買到 18 年份版本，因為額外的熟成年份使得此優質威士忌增添更多層級。

白州曾多次得到重大獎項，包括國際葡萄酒與烈酒大賽（International Wine & Spirits Competition, IWSC）和國際烈酒大賽（ISC）中斬獲殊榮，受到大多數品鑑家高度讚賞。風格相當細膩，部份品鑑家認為是因為蒸餾與熟成均在高海拔（700 公尺）完成的影響。不過，我既非物理學家亦非氣象學家，對於這樣一個有趣的觀察角度是否正確，還是少評論為妙。

色澤 Colour 淺金色。

嗅覺 Nose 強烈青蘋果，微妙而細膩。

味覺 Taste 輕盈的酒體，但帶有水果與穀物，平衡良好。泥煤混有橡木香氣。

餘味 Finish 辛辣而悠長。一些品鑑者認為類似愛爾蘭罐式蒸餾威士忌的感覺。

評鑑 Verdict

50

製造商	美國　薩澤拉克公司 The Sazerac Company
酒廠	美國　肯德基州　富蘭克林郡　水牛足跡 Buffalo Trace, Franklin County
遊客中心	有
購買地點	專賣店
價格	■■■■□

www.buffalotrace.com
www.kentuckybourbon.com

Thomas H. Handy 托馬斯 H 翰迪
Sazerac Rye 薩澤拉克裸麥

您將會發現這款威士忌不僅難以尋得，而且價格昂貴，但且聽我說。

據美國法律規定，裸麥威士忌麥汁中裸麥的含量必須占 51% 以上（其餘一般為玉米和大麥麥芽），然後蒸餾到不超過 160（U.S.）Proof（即酒精含量 80%），並且在全新燒烤橡木桶中熟成。此外，威士忌入桶陳釀時酒精度要低於 125（U.S.）Proof，而熟成期兩年以上的這種烈酒，則可加稱「純」（straight）如同「純裸麥威士忌」（straight rye whiskey）。至此為止，一切還很正常。

然而，禁酒令結束後，消費者對裸麥威士忌的喜好大大降低，並且自此再也沒有恢復。直到最近由於被歸類於膜拜級數，才開始獲得一些贊揚的評論。結果卻造成裸麥威士忌價格上漲的速度與庫存下降速度一樣飛快，蹤跡也日漸難尋。有一款傳奇聲譽的薩澤拉克 18 年裸麥威士忌，甚至一上架便被搶購一空。

諸位不妨嘗試一下這一版本的托馬斯．H．翰迪，以得到一種不同，但仍然重要的體驗。這是六年份的年度限量發行版，未經冷凝過濾，且裝瓶酒精度非常高。不可避免的，該款威士忌每年都會有些微差異。當諸位閱讀本書時，該款的 2010 版應該已發售。

這些都是水牛足跡酒廠出產的威士忌，非常強而有力，魅力難擋，帶來巨大的衝擊，不僅是由於高酒精度，還含有大量強烈的風味，需要時間才能適應，特別是若您原本期待的是波本威士忌。

由於著筆至此時，2010 版本仍未發行，因此難以評論，但我想它一定不會讓您失望，這是一款絕對會讓朋友驚豔的威士忌。加入適量的水，您可期待不同的香氣爆發，與悠長的餘韻。

色澤 Colour 深金色。
嗅覺 Nose 楓糖漿與糖蜜，香草與乾果。
味覺 Taste 滑膩，包覆口腔，甘草暗示，接著是熟透的水果。
餘味 Finish 胡椒感，乾澀與橡木暗示。

評鑑 Verdict

51

製造商	蘇格蘭　康沛勃克司威士忌公司 Compass Box Whisky Company
酒廠	無：調和威士忌
遊客中心	無
購買地點	主要為英國、美國與法國，亦可網購
價格	■■■□□

www.compassboxwhisky.com

Hedonismi 享樂主義

享樂主義是我所選的第二支康希勃克司（Compass Box），他們自詡為「威士忌工藝師」，因此當然非常擅長調和技術，同時也是精明的都會行銷家。所以，如果暗示他們並非因工作辛勞而雙手粗硬不符合上面的自述就似乎有些過於苛刻，當然是否如此還是由您決定。

享樂主義是屬於康沛勃克司「限量」發行的一款威士忌，表示在我選酒原則的邊緣，但這款酒在威士忌專賣店、網上經銷商或官方網站應該都不難取得，這款酒的獨特之處，在於它是 100% 純穀物調和威士忌，再者，年份為 20 年，來自波本桶的初次充填。

享樂主義是以限量批次行的威士忌，其中用來調和的威士忌，均來自卡麥倫橋（Cameron Bridge，見專文介紹）與康普斯（Cambus）酒廠，但發售量則取決於康沛勃克司找到酒桶的能力，以及經營者分享的意願。根據您的觀點不同，穀物威士忌是蘇格蘭骯髒的小秘密，還是如康沛勃克司所說的「鮮為人知的財富」？

此款威士忌證明了它有多麼好。若您真的喜歡，還有一款價格更貴、市面更難見到的隱藏版「極致享樂主義」（Hedonism Maximus）。雖然兩者具有相似的特色，但使用 42 年及 29 年酒款調和而成的極致，則具有更深邃的風味，更加甜美也更加強烈。

如同我們對這家創新公司的期待，享樂主義的包裝優雅又具格調，與瓶中物相輔相成。與其他所有限量版威士忌相同，請注意每批口感都存在差異。

色澤 Colour 中等金色。

嗅覺 Nose 香草與椰子。

味覺 Taste 甜味，天鵝絨般滑順，若隱若現的甘草波動，卡拉鮑爾白脫糖（Callard & Bowser toffee）（還記得嗎？），柑橘暗示，大量波本桶的香草與杏仁糖風味。

餘味 Finish 巧克力香氣，辛香料與椰香充分纏繞，融合良好。

評鑑 Verdict

52

製造商	日本三得利 Suntory
酒廠	無：調和威士忌
遊客中心	三得利山崎、白州蒸餾廠 設有遊客中心
購買地點	稀少
價格	■■■□□

www.suntory.com

Hibiki
17 Years Old

響
17 年

在我們前往昂貴難尋的響 30 年版本之前（將在下一篇介紹），諸位不妨嘗試一下其價格相對來說較可負擔的胞弟。您可能記得，這款酒曾在 2003 年奧斯卡獲獎影片《愛情，不用翻譯》（*Lost in Translation*）出現（此片亦是史家莉．喬韓森〔Scarlett Johansson〕演技突破之作，如您在意）。

許多第一次嘗試這款酒的人，都承認是受其獨特的包裝所吸引，確實，響的包裝非常有魅力，也與眾不同，但卻得體而不過份。雖然這聽起來沒什麼大不了，但想一想，酒店裡的架子上有多少威士忌？更別提還有多少其他烈酒、葡萄酒——您懂得我的意思嗎？

因此，三得利資源豐富的市場行銷部門做得真不錯，他們給予這款傑出的酒一個足以匹配的瓶子。在日語中，「響」意為和諧，顯然地，而經營者將這款酒描述為「一款經過仔細篩選的酒體飽滿的麥芽與穀物威士忌所精心調和後的產品。這款得獎無數的調和威士忌，產生的香氣優雅而帶有圓潤的木質馥郁，伴隨甜味與持久的柑橘芳香。」

這一回響所掀起的炒作熱潮，只能說實至名歸。在日本消費者眼中，很顯然地，響 17 的售價高過於同年份的單一麥芽。我絕對相信如此。這款威士忌的確非常完整，超乎想像地易於飲用，然而同時也保留了複雜性與一些魅惑力——口感與尾韻有一種微妙而難以敘述的質感。您不妨邀請友人來一場盲評，他們一定會對其品質大吃一驚，因而被迫重新審視自己對日本威士忌的偏見和成見。這是世界級的威士忌——可以想見 30 年版本將有多麼好！

色澤 Colour	淡金色。
嗅覺 Nose	柑橘暗示，香草，橡木，花香。輕，但不單薄。
味覺 Taste	相當複雜，但緩慢發展，松脂甜味、香草與太妃糖。酒質開展後會有鹹味的暗示可加水或冰塊幫助伸展。
餘味 Finish	結束似乎較快，而後又重新出現，帶來歡快與困惑。

評鑑 Verdict

53

製造商	日本三得利 Suntory
酒廠	無：調和威士忌
遊客中心	三得利山崎、白州蒸餾廠 設有遊客中心
購買地點	稀少
價格	■■■■■

www.suntory.com

Hibiki　響

30 Years Old　30 年

世界最好的調和威士忌是什麼？自然是蘇格蘭威士忌。然而，世界威士忌大獎（World Whiskies Awards, WWA）的評審們的觀點卻非如此。2007 年與 2008 年，他們將此獎項授給日本三得利出身的這款優質威士忌。提醒您，這其實並不令人驚訝，響 30 年曾橫掃 2004 年、2006 年、2007 年、2008 年國際烈酒競賽（International Spirits Competition）的最高獎項，2007 年還得到最佳金牌傑出威士忌（Best in Class）。評鑑裁判是在未知品牌的情況下，由眾多經驗豐富的品鑑人士進行盲試，因此一支經常獲獎的威士忌，是值得注意的。

日本調和威士忌與蘇格蘭生產威士忌相當不同。除了風味明顯的差異，由於日本威士忌產業相對規模較小，因此並不像蘇格蘭酒廠之間會互相獲取或交換威士忌，因此公司要依靠自己的資源。

幸運的是，三得利的山崎酒廠擁有不尋常的各式蒸餾器，總共有 6 種、共 12 台形狀尺寸各異的設備，生產的威士忌風味範圍廣泛。為此，他們還是加入白州酒廠的生產，這裏也是「響威士忌之家」，那兒也有各式不同的蒸餾器。再者，他們為了增加更多的項目，還利用不同種類的橡木桶來熟成威士忌，包括日本水楢橡木桶（Mizunara），結果，調和師擁有可觀的各式威士忌可以作為選擇——事實上，創造響是調和了高達三十種的威士忌，甚至使用三得利知多（Chita）酒廠所生產的穀物威士忌。

正如你所期望的，這是一款昂貴的產品（每瓶售價 500 英鎊至 600 英鎊），還需要一些努力才能在市面找到。但它確實是世界公認最佳的調和威士忌。你還需要知道些什麼？

色澤 Colour　深銅色。
嗅覺 Nose　葡萄乾、無花果、棗子，微帶巴西堅果與甜黑可可亞味。
味覺 Taste　深色莓果，與悠長木質香。
餘味 Finish　悠長、深邃而非常豐裕。

評鑑 Verdict

54

製造商	蘇格蘭　高地酒業公司 Highland Distillers
酒廠	蘇格蘭　奧克尼島　柯克沃爾　高原騎士 Highland Park, Kirkwall, Orkney
遊客中心	有
購買地點	相當廣泛
價格	■■■□□

www.highlandpark.co.uk

Highland Park 高原騎士
18 Years Old 18 年

這是本書所列入高原騎士系列四款威士忌中的第一款。連續推薦同酒廠四款酒？我瘋了嗎？

我不認為如此。您可以猜想，我的用意是說，這是世界上最棒的威士忌。高原騎士所獲的殊榮，實在多得讓我懶得去算，並且至少一位權威（保羅．帕克爾特 Paul Pacult）認為高原騎士是「全球最頂級的烈酒」。

再者，當我詢問我的「先知們」時，高原騎士出現的次數總是遙遙領先，是其他品牌的接近兩倍。而且，有些贊成票甚至來自競爭對手，其背書令人印象深刻。

但由於我缺乏保羅的十足自信與霸氣，我只能中肯地說這款威士忌還真是不錯。您必須把眼光放開、放遠，有幾個理由。高原騎士酒廠煞有介事地將其所得的榮譽歸功於蒸餾所遵循的「五個基石」，雖然聽起來有些像危險的市場推銷術語，但希望各位相信我。這「五個基石」分別為傳統地板發麥、泥煤香氣、寒冷環境熟成、雪莉橡木桶與細心的酒質安定措施。

真相是，這些並非高原騎士的宣傳噱頭。我查閱歷史發現，這些釀酒方法自 1924 年甚至更早便已開始實行，所以至少他們沒有打誑語，可以讓你得到傳統古法的威士忌，來自一家蘇格蘭私人公司，裝在略顯樸拙的現代酒瓶中；與它相處越久，您越能體會它的好（我指的是威士忌本身，而不是酒瓶）。

請繼續閱讀接下來三款高原騎士威士忌，您一定會感到驚奇。喔，還有，在您有生之年，請務必嘗試前往造訪一次他們的酒廠。

色澤 Colour 中等明亮的金黃色。

嗅覺 Nose 一種甜美、「到我這裡來」（come hither）的誘人香味，雪莉桶與杏仁糖。

味覺 Taste 水果芬芳，豐裕、甜美，令人讚賞的複雜性。絕佳深度。

餘味 Finish 煙燻暗示，漸漸消退到背景中。

評鑑 Verdict

55

製造商	蘇格蘭　高地酒業公司 Highland Distillers
酒廠	蘇格蘭　奧克尼島　柯克沃爾　高原騎士 Highland Park, Kirkwall, Orkney
遊客中心	有
購買地點	僅見於免稅店，因此很抱歉，若想購買就必須坐一趟飛機
價格	■■■□□

www.highlandpark.co.uk

Highland Park 高原騎士
21 Years Old 21 年

我本不應有私心喜好，但您現在想必已經瞭解，高原騎士絕對是我的心頭好。奧克尼（Orkney）是個神奇之地，由堤道、渡輪和飛機串連起星星點點的島嶼所組成，古老的歷史遺跡處處可見，一個蓬勃發展的、創意的工藝社區，令人難以置信的光芒，每個轉角都有令人驚喜的景象，廢棄的槍台，令人驚嘆的野生動物，以及兩家令人讚嘆的酒廠。

雖然我並無看輕鄰近的斯卡帕酒廠（Scapa Distillery）（它非常傑出），但高原騎士卻是世界級的。至少，在這個預算之內，您不會買到比這一款 21 年份更好的威士忌。

這款威士忌贏得 2009 年世界威士忌大獎的全球最佳單一麥芽威士忌，可謂實至名歸。當時我是在場評審之一，深感其所獲的每一個讚賞都有憑有據。高原騎士向來著名的是那不可思議的平衡，以及綿長悠遠，微妙的泥煤煙燻，使您越喝越覺得這些在不停地挑逗並獎賞您的味蕾。它並不是艾雷島強迫逼人的泥煤味，而是更加複雜與精細的味道，這是因為高原騎士裡的偏執狂從自家的泥炭沼澤挖來三種不同的泥煤燃燒。

不過請小心！在此款威士忌功成名就之後，市場需求大增，使得裝瓶酒精度從 47.5%降至 40%，因此您所飲用的威士忌可能會與評審不同。新裝瓶沒什麼問題，但市面仍找得到舊庫存，若您發現，請儘快捕獲。

最新消息：根據奧克尼最新消息，高原騎士近期計劃提高酒精度，因此在購買時敬請仔細閱讀酒標上的小字，購買真正的好東西。

色澤 Colour 自然色，酒廠形容為「奧克尼日落紅金色」，但有些幻想美化。

嗅覺 Nose 奶油糖、黑巧克力與柑橘。

味覺 Taste 鬱鬱蔥蔥，風味飽滿，平衡出眾，帶有糖蜜橘皮與辛辣黑巧克力，帶領進入豐裕的煙燻官能感，有烘焙堅果暗示。蜂蜜的甜美。

餘味 Finish 豐富、複雜與甜美的煙燻官能感，接著柔軟、中度乾澀地結尾。

評鑑 Verdict

56

製造商	蘇格蘭　高地酒業公司 Highland Distillers
酒廠	蘇格蘭　奧克尼島　柯克沃爾　高原騎士 Highland Park, Kirkwall, Orkney
遊客中心	有
購買地點	廣泛販售於零售專賣店
價格	

www.highlandpark.co.uk

Highland Park 高原騎士
30 Years Old 30 年

這裡是所推薦的第三款高原騎士威士忌，我們現在進入真正昂貴的領域——但是價格雖昂貴，卻物超所值。是的，每瓶售價近 200 英鎊，但與此同級的級數紅酒價格還要貴上數倍，而高原騎士的每一滴都凝結了傳統、手工工藝與品質。此外，若您評估價格，此款酒比紅酒喝得更久，特別是它的酒精含量為較高的 48.1%。

值得慶幸的是，酒廠對有很多年份久遠的威士忌，因此我們才得以更為傳統風格的威士忌製造。高原騎士酒廠有一度降低了泥煤量，因為產出的烈酒要調和較為清淡的風格，如順風威士忌，不過這並沒有影響到此款威士忌。

歲月為高原騎士降低了獨特的煙燻風味，但是感覺仍在，只是更加細緻，我很喜歡。有一些強烈的泥煤風格款式，因為泥煤太過強烈，對我來說太過強勢，反而掩蓋了酒裡面的其他特性。好像是嘴裡有一台蒸氣壓路機經過。

這款酒沒有那種危險。有些持續煙燻，但此年份的威士忌有平衡良好的甜味和生氣、新鮮度。額外的勁道代表引人入勝的飽滿風味，這對一款高年份的威士忌來說很不尋常，適量地加入水，更能加帶出香氣調性。這些技術純熟的酒廠因懂得選擇優質橡木桶與精心熟成規劃的酒窖儲存方式，製造出的威士忌產品有如恆星般光芒四射，所花的每分錢都值得。

色澤 Colour 深色。

嗅覺 Nose 溫暖圓潤，蜂蜜與煙燻。

味覺 Taste 優美地平衡，飽滿酒體；蜂蜜、香草、橡木與煙燻在口腔翩翩起舞，卻不強勢。

餘味 Finish 以上所有風味優雅調和，消逝時帶有辛香料及一陣溫和煙燻。

評鑑 Verdict

57

製造商	蘇格蘭　高地酒業公司 Highland Distillers
酒廠	蘇格蘭　奧克尼島　柯克沃爾　高原騎士 Highland Park, Kirkwall, Orkney
遊客中心	有
購買地點	在專賣店中意外的常見，以年份和價格來說令人驚喜
價格	■■■■■

www.highlandpark.co.uk

Highland Park 高原騎士
40 Years Old 40 年

請先做好心理準備：這款高原騎士是本書中最昂貴的一款威士忌。每瓶售價 800 英鎊，你會買到一個精美的包裝盒、一本皮革裝訂的手冊與一瓶酒精含量 48.3%，榮獲 2009 年世界威士忌大獎全球最佳新品獎（World Best New Release）的威士忌。

本書的原則是，我不推薦超過 1000 英鎊的威士忌，而標價三位數的也需慎重考慮。但這一款您無須遲疑，儘管放心入手便是。在我看來（同時也是大部分威士忌界社群的共同想法），這就是一款單純的好酒。用購買這款威士忌所找回的零錢，您還可以去買其他一些美酒，但這瓶高原騎士 40 年則一定要買回來存放，以備重大場合或款待貴賓之需。如我所言，無論您與誰分享這款酒，對方都將成為您特別的朋友（不管他們有任何主觀批評），而您也應該品飲它，而不是像珍寶般束之高閣以供瞻仰，也就失去了其存在的意義。箴言是，欣賞而不崇敬。

這是一款非常複雜又細緻的威士忌，在您仔細嗟飲品嘗時，多重的風味層次會在嘴裡伸展開來，結束時縈繞不已。等下一次您再度回來品飲，您會發現更多的不同。高原騎士 40 年會不斷地增長與發展，您的仔細研究會得到回報。

我不希望您覺得這是件苦差事，畢竟，這是一款用以享受的威士忌。雖然不是天天飲用，但它確實是一款您一生中必嚐的威士忌。現在把所有想法放下，好好喝完這瓶美酒。

色澤 Colour 適中金色。由於使用換桶技術，上色非常緩慢。

嗅覺 Nose 出人意料地細膩精緻，依然新鮮，明顯「高原騎士」特有的蜂蜜、巧克力與煙燻。

味覺 Taste 若說威士忌可以參加「X 因子」（註：英國選秀節目），那麼這款酒一定得第一。極致官能複雜，具有誘惑力。高度平衡，風味一波又一波的衝擊，卻不顯得哪個因子特別突兀或壓抑。

餘味 Finish 在更多石南花蜜的香甜與檸檬暗示之後，煙燻回返，完美謝幕。

評鑑 Verdict

58

製造商	蘇格蘭　懷特馬凱 有限公司 Whyte & Mackay Ltd
酒廠	蘇格蘭　克雷格豪斯 吉拉島 Isle of Jura, Craighouse, Jura
遊客中心	有。精緻奢華（也就是昂貴），提供假日套房
購買地點	專賣店
價格	■■□□□

www.isleofjura.com

Isle of Jura 吉拉島

Supersition 幸運

即使冒著得罪懷特馬凱（Whyte & Mackay）公司的這些好人們的風險，我還是必須說，大致上吉拉島單一麥芽威士忌並不太令人興奮。他們的威士忌令人愉悅，但相當平淡。由於該酒廠於1960年代建立，以為這座美麗孤島上的居民創造就業機會，並在調和威士忌產業中以斯佩賽區式烈酒呈現，因此並不令人驚豔。

然而近幾年，他們致力於提升形象，使得標準10年份普遍可見，但無須理會它，如果您要喝這品牌的威士忌，就要選這款幸運。

這款威士忌混合了艾雷島（Islay）式重度泥煤酒款（並非吉拉島原始生產風格），並以部份高年份酒款增添溫暖與精緻。因此，雖然它沒有年份標示，但也請勿為此或者是酒名而躊躇不前，此酒與附近艾雷島威士忌相比，是令人喜愛的不同風味。

吉拉島著名的人煙稀少，居民不到兩百，卻分佈約5000頭紅鹿。這些紅鹿四處閒逛，我總覺得牠們老是出現在島上的主要幹道，不知哪天會造成交通事故。吉拉島也是著名作家喬治・歐威爾（George Orwell）遠離倫敦至此寫成《1984》的庇護所，同時這裡也是惡名昭彰的行為藝術「K 基金會燒掉一百萬英鎊」活動地。是的，當時由搖滾音樂家轉身一變成的藝術家比爾・德拉蒙（Bill Drummond）與吉米・考迪（Jimmy Cauty），悄悄來到吉拉島，燒毀價值一百萬英鎊的50英鎊面額鈔票。很明顯地，好像您也會做同樣的事似的！

吉拉島非常喜歡發行限量版，他們實該為此事件特別紀念一一一款煙燻強烈、售價50英鎊的威士忌，似乎很貼切！

色澤 Colour 深古銅色。

嗅覺 Nose 木質煙燻，培根與鮮採泥煤。接著充滿酚的氣味。

味覺 Taste 辛香料、蜂蜜、松木、泥煤風味，混合堅果與天然花草香。

餘味 Finish 消逝的煙燻味再度出現。

評鑑 Verdict

59

製造商	愛爾蘭酒業集團 Irish Distillers Group
酒廠	愛爾蘭　科克郡 米德爾頓 Middleton, Cork, Ireland
遊客中心	兩家，一家位於都柏林，另一家位於科克郡米德爾頓蒸餾廠
購買地點	專賣店
價格	■■■■□

www.jamesonwhiskey.com

Jameson 尊美醇
18 Years Old Limited Reserve 18 年限量版

尊美醇是愛爾蘭威士忌中最為暢銷的品牌，屬於企業財團保樂力加（Pernod Ricard），近年來拓展迅速。該威士忌採用罐式蒸餾與穀物威士忌的調和方式，皆由科克郡附近的大型米德爾頓酒廠（Midleton Distillery）所生產。由於擁有諸多不同類型的蒸餾方式，酒廠能夠生產相當多的不同風格，使得調和師的角色特別舉足輕重，尤其是廠內有各種不同的木桶作用之下。

儘管此款威士忌價格不菲——一瓶 18 年份售價是嚇人的 70 英鎊－但我依然必須向諸位推薦。在這款酒的發行儀式上，我有幸與愛爾蘭酒業集團（Irish Distiller）的大師巴利．克羅克特（Barry Crockett）一起品酒，他在酒廠內的一座農舍成長，現在則成為米德爾頓酒廠的蒸餾大師（Master Distiller）。雖然此事已過了兩年（註：本文寫作於 2010 年），但我仍能憶起當時品嚐的風味，這是一個非常獨到的產品。

尊美醇 18 年威士忌一問世即迅速囊括各種重要獎項，事實證明它並非曇花一現。該威士忌使用舊波本桶與雪莉桶的調合，根據酒標顯示，「至少」熟成 18 年，我相信，因為這款酒的熟成非常出色，在各個方面都沒有表現出入桶過深或是木桶疲乏的現象。

選擇的範圍很大，還包括特級典藏（Special Reserve）12 年，黃金典藏（Gold Reserve，無年份標示，但原酒平均年份為 13～14 年）與簽名典藏（Signature Reserve，僅在免稅店發售），還有限量典藏（Limited Reserve）。若您口袋夠深，還可以嚐試珍稀典藏（Rarest Vintage Reserve），不過酒標並未標明年份或是酒齡，然而卻註明了（其實沒什麼用）裝瓶時間，目前為 2007 年。你一定愛死了愛爾蘭式的行銷！

色澤 Colour 深銅色。

嗅覺 Nose 奶油聖誕蛋糕香氣四溢，蜂蜜、香草與太妃糖。

味覺 Taste 丁香、堅果與堅果軟糖的絕妙平衡，波本桶與西班牙奧羅若索（oloroso）雪莉桶交織出柔滑和諧的整體，酒體適中卻複雜。

餘味 Finish 整體掌握良好，所有風味餘韻美好。

評鑑 Verdict

60

製造商	英國　帝亞吉歐 Diageo
酒廠	無，調和威士忌。 「品牌之家」位於卡杜蒸餾廠（Cardhu）
遊客中心	有，斯佩賽區　卡杜蒸餾廠（位於麥卡倫蒸餾廠同一條路上）
購買地點	普遍有售，您可以再仔細找找，應該不難
價格	■■□□□

www.johnniewalker.com

Johnnie Walker 約翰走路
Black Label 黑牌

說實話，這款威士忌並不是我個人所好。對我的口味來說，此款約翰走路黑牌與其兄弟紅牌（Red Label）的表現過於強烈，煙燻也過重。

但是，約翰走路黑牌卻是全球最為暢銷的優質調和威士忌之一，它的成功毋庸置疑。若您在威士忌業界作口頭調查，您會發現約翰走路黑牌廣受歡迎，受到其他蒸餾商與調和師的崇尚。因此，若您喜好強烈的風味，這款酒必須列入您的清單。

今日的約翰走路為帝亞吉歐的一份子。2009 年，帝亞吉歐在飽受爭議的情形下，關閉了擁有兩百多年歷史的約翰走路裝瓶的基地－基馬諾克（Kilmarnock）裝瓶廠。然而儘管當地人與蘇格蘭政治家皆義憤填膺，不過，對於全球所擁有的愛好者來說，此舉卻似乎毫無影響，畢竟知道基馬諾克的人少之又少，也沒人在乎。抱歉了，基馬諾克。

黑牌的調和歷史可以追溯到 1867 年，當時亞歷山大・沃克（Alexander Walker）推出了一款「古老高地威士忌」（Old Highland Whisky），獨特的方形瓶身，上面有歪斜黑金色的酒標。方形的瓶子對於外銷大有助益——因為這個形狀可以在有限空間內的擠進更多的酒瓶，因而降低了運輸成本。在如此一件小事上，傳奇於焉誕生。

但除了精明的包裝外，黑牌威士忌不僅是諸多市場中財富與地位的象徵，而且，對許多人來說，它還被當作是優質調和威士忌的標準。這款傳統的威士忌絕對不容小覷。儘管我個人並不會帶著它去荒島，但許多評鑑專家卻會。

色澤 Colour　中等明亮的金黃色。
嗅覺 Nose　楓糖甜味，帶有煙燻調性。麥芽與柑橘。
味覺 Taste　穩健有力，前味是泥煤煙燻，但有乾果、雪莉酒與香草；卻不會失去平衡——穩重的力量。
餘味 Finish　醇厚、辛辣，非常適合深夜來上一杯。

評鑑 Verdict

61

製造商	英國　帝亞吉歐 Diageo
酒廠	無，調和威士忌。但製造地位於卡杜（Cardhu）
遊客中心	有，斯佩賽區　卡杜蒸餾廠（位於麥卡倫蒸餾廠同一條路上）
購買地點	全球各地皆有售，特別是高檔百貨、免稅折扣中心
價格	■■■■■

www.johnniewalker.com

Johnnie Walker 約翰走路

藍牌 Blue Label King George
喬治五世紀念版 V Edition

有時候，唯有奢侈品能如此地毫無矯飾、直言不諱、財大氣粗、大膽炫富。

假想您想要讓一位俄羅斯政要留下深刻印象，或是關鍵角色的遠東商業客戶需要一份禮物——這時正是出動喬治五世紀念版的好時機。我覺得這款酒完全不遮掩它的華麗，正適合霸氣十足的暴發戶。繁複的華美包裝外盒，上面有兩個品牌釦子，您必須將之移去才能打開巨大的盒子。盒子內部用絲綢裝飾，附有皮製保證書，裡面的水晶酒瓶嵌合在材質一致的底座上，精雕細琢的水晶酒塞非常沈重，包裝極盡奢華。

除此之外，這也是一款非常美好的威士忌。您想想，全球銷量第一的蘇格蘭威士忌，會把名聲賭在爛東西上，只靠盒子好看而已嗎（盒子豈只好看，簡直是壯觀至極）。

某些約翰走路酒款的售價高達近乎 1000 英鎊一杯（沒錯，一杯），不過我認為那僅是旗艦店賺取媒體名聲的噱頭。對我們大多數愛好者來說，這支酒必定是最頂級的約翰走路了！由於它的精緻，價格應該在 400 英鎊左右。

因此，請在有生之年至少品嚐一次。啜飲時，不妨戲謔自問，「今晚那些窮人們在做什麼呢？」

色澤 Colour 深邃幽暗，顯示出含有相當老酒齡，與雪莉桶原酒在調和之中。

嗅覺 Nose 起初甜美，接著煙燻開始毫不矯飾地展現，酒體巨大。可以想見即將展現它的盛大。

味覺 Taste 大而有力的威士忌，令人驚訝的蜂蜜，舉止合宜，而後出現艾倫港（Port Ellon）帶來的煙燻。儘管部份調和內容成份年代久遠，依然充滿活力又複雜。

餘味 Finish 一個不急不徐、不匆忙的收場。非常圓潤，在泥煤煙燻中充滿著斯佩賽區的甜味。

評鑑 Verdict

62

製造商	台灣　金車企業 King Car Corporation
酒廠	台灣 宜蘭員山鄉 金車宜蘭威士忌酒廠 Kavalan, Yilan, Yuan Shan, Taiwan
遊客中心	有，金車宜蘭威士忌酒廠
購買地點	中國，遠東與日本。2012年起歐美可購得。台灣的專賣店，門市據點可上網查詢。
價格	■■■□□

www.kavalanwhisky.com

Kavalan Classic 噶瑪蘭

Single Malt 單一麥芽

在威士忌產業中，有個新興的明星，但卻非出身自英國蘇格蘭或美國肯德基，也不是來自日本或愛爾蘭，或是任何一個傳統的威士忌生產國。

令人驚訝地，噶瑪蘭單一麥芽威士忌來自於一個獨特的公司，金車企業，位於台灣北部宜蘭員山鄉。

此酒廠的歷史，以西方標準來說，令人驚奇。由於當地對於威士忌的需求逐年升高，在 2005 年，金車董事長李添財先生決定要建造台灣第一座威士忌酒廠。於是，他派遣技術與研發團隊到蘇格蘭，並在英國延聘顧問團，隨即投入工作。動作迅速確實。

金車集團一直以來都以良好的運作令人印象深刻，年度產量高達 9 百萬瓶。其酒廠融合最優良的威士忌傳統技術，有來自蘇格蘭的罐式蒸餾器，創新研發的技術，以及電腦自動化操作。旁邊就是廣大的遊客中心，每個星期可接待超過二萬四千名遊客，去年就有超過一百萬名遊客來訪，這個數字比參訪全蘇格蘭酒廠的遊客總和還要多。

噶瑪蘭在 2008 年首發的產品，就已使得專家驚豔，並且得到多方的讚美認同。在一場由倫敦泰晤士報《*The Times*》所主辦的盲測品飲會中，在同樣年份的威士忌中得到了首獎，接下來並在許多國際競賽中接連獲獎，如 2011 年 SWSC 舊金山世界烈酒大賽金牌，IWSC 國際葡萄酒暨烈酒競賽特金牌以及威士忌聖經的新世界產區年度最佳威士忌大獎。經由世界各地的愛好者與部落客口碑相傳，備受肯定。

一瓶如此年輕的威士忌竟能有如此傑出的表現，來自於酒廠的設備，精選木桶，以及台灣得天獨厚的溼熱氣候下能夠快速地熟成。由於當地陳年的條件，使得酒液以高速蒸散，僅僅三到四年就可以熟成裝瓶。我期待他們接下來的表現。

可想見的，由於噶瑪蘭的成功，相信蘇格蘭和肯德基的大酒廠將會有一場硬戰要打，這應該會讓各位鑑賞家們很開心。

色澤 Colour 明亮金黃色。

嗅覺 Nose 豐富溫暖，柑橘的香甜，熟成的水果（桃子、芒果）。

味覺 Taste 甘草，動人的甜味，滿口木質香，輕輕水果蛋糕、桃子和奶油。

餘味 Finish 滑順，圓潤，持久動人。美好的甘草縈繞迴盪。

評鑑 Verdict

63

製造商	美國　金賓全球酒業公司 Beam Global Spirits & Wine, Inc
酒廠	美國　肯德基州 克萊蒙特蒸餾廠　金賓 Jim Bean, Clermont Distillery, Kentucky
遊客中心	有
購買地點	專賣店及網購
價格	■■■■■

www.knobcreek.com
www.smallbatch.com

Knob Creek 留名溪

留名溪是另一個大型款小批量發行的波本威士忌，但是由位於肯德基州克萊蒙特金賓酒廠蒸餾。留名溪得名於距離酒廠約 20 英里遠的一條小溪（小河流），這條小溪同時也流經美國總統亞伯拉罕．林肯童年時代的居所。當時，林肯的父親在附近另一家酒廠工作，而林肯本人曾經在這條小溪淹水，所幸被人救起。對於英國品酒人士來說，這款威士忌的英文原意是「門把」，在英國俚語中由於形狀會造成曖昧，感覺上該公司的市場行銷行銷部門並未考慮過這款威士忌的名字在美國以外地區會產生怎樣的聯想。

儘管名稱對英國人來說不太好聽，但我們還是回歸到威士忌本身。這款酒之所以會達到收藏級的地位，部分是由於經營者精明管理庫存，造成短缺現象，因而導致需求旺盛。您甚至也可以買到一件限量版的 T 恤，來紀念這種「旱象」。

留名溪由傳奇蒸餾大師布克．諾（Booker Noe）所創造，意圖重現前禁酒時期風格的波本威士忌，同時，儘管酒商嘗試掩蓋這一點，不過他們希望藉由美國製造，使波本重新回到時尚潮流中，以與蘇格蘭單一麥芽一較高下。

因此，這款小批量的波本酒一舉成功，年份 9 年，酒精含量 50%，成為此品項的領導者之一。

其他金賓國際的威士忌，包括原品博士、巴素．海頓與比格士（Bookers, Basil Hayden's and Baker's）。很自然地，他們的競爭對手也在市場推出自己的版本。由於是小批量的生產方式，這些威士忌的供應狀況不一，每批次的風味也有些微差異，但這就是其魅力所在，不可能不是美酒。

色澤 Colour　中金色。
嗅覺 Nose　堅果、深色柑橘與橡木。
味覺 Taste　濃郁，酒體豐滿而複雜，一些辛香料調性。
餘味 Finish　悠長持續的尾韻，低迴不已。

評鑑 Verdict

64

製造商	英國　帝亞吉歐 Diageo
酒廠	蘇格蘭　艾雷島 拉加維林 Lagavulin, Islay
遊客中心	有
購買地點	專賣店與網路
價格	■■■□□

www.malts.com

Lagavulin 拉加維林
16 Years Old 16 年

著名威士忌評論家阿尼斯·麥克唐納曾描寫一個男人，「在漫漫長夜裡清醒著數個小時，由於兩位蘇格蘭高地之子史詩般的傑作，人們在世上本無共通之處，但對於拉加維林的關愛與崇拜卻是一樣的。」他說，拉加維林是「近乎傳奇」。當時是在 1930 年，拉加維林便已聞名各界。對於艾雷島式濃郁的酚、泥煤與鹹味威士忌愛好者來說，這一款酒是「同類中的首選」（*primus inter pares*），與阿貝難分高下，同樣受到支持者的熱情推崇。

拉加維林蒸餾所用的大麥麥芽，來自於臨近同屬於帝亞吉歐集團的艾倫港麥芽廠。拉加維林的蒸餾超乎尋常的緩慢——用生產者的話來說，該過程賦予烈酒「獨樹一幟的圓潤與柔軟成熟度」。拉加維林的熟成過程絕不匆促，從他們的標準經典單一麥芽（Class Malts）威士忌是 16 年份，便可見一斑。傳言說，滴酒不沾的演員約翰·戴普唯獨喜歡點上一杯酒，只為了嗅聞此酒香氣，足見拉加維林的誘惑（不知道那酒最後誰喝掉了）。麥可·傑克森作過著名的描述：「正山小種紅茶（Lapsang Souchong）與果香雪莉酒」豈不美妙？

儘管還有一款在佩德羅—希梅內斯（Pedro Ximenez）橡木桶中熟成，而稍貴的酒廠限量（Distiller's Edition）以及另一款較年輕而高酒精度並且奇怪的更加高價的版本，但這款 16 年就是你要的。其豐富的紋理令人驚嘆，請在細細品味前先做好準備，坐下來品嚐，它濃烈的風味，將如浪潮般使您驚喜不已，這是款強而有力的酒。

接下來我要介紹另一款令人讚嘆的威士忌，來自拉加維林的隔壁鄰居。

色澤 Colour 深金色。

嗅覺 Nose 激烈的泥煤衝擊，傳來甜橙與太妃糖。

味覺 Taste 一個巨大、充滿口腔的威士忌。乾澀，接著有些雪莉酒的甜味，帶有太妃糖與鹹味暗示。

餘味 Finish 重度泥煤煙燻與顯著鹹味。

評鑑 Verdict

65

製造商	美國　財富公司 Fortune Brands Inc
酒廠	蘇格蘭　艾雷島 拉弗格 Laphroaig, Islay
遊客中心	有
購買地點	專賣店與網購
價格	■■□□□

www.laphroaig.com

Laphroaig 拉弗格
Quarter Cask 四分之一桶

拉弗格是您從艾倫港駕車出來時，沿艾雷島濱海道路前行，沿途三家酒廠的第一家，外觀很耀眼。該廠至今現場仍有地板發麥，並且設有完備的遊客參觀設施（不過我建議大家前往附近阿貝酒廠的石窯咖啡館〔Kiln Cafe〕用餐）。

四分之一桶的裝瓶是一次復古的偉大嘗試，意圖重現一百多年前使用小桶熟成烈酒的威士忌風格。這可能是由於當時小桶（容量 9 英加侖，或 41 公升）因啤酒工業之故，比較容易取得；或者是由於容量較小，私人交易較為快速；或者是酒廠建議的理由─較為浪漫─方便私酒商運送！這三個理由都各有可能。

此外，更為關鍵的一點在於小桶熟成的威士忌速度更快，因為更易受橡木桶影響（根據酒廠，平均快上 30%）。再者，為追求傳統，拉弗格未經冷凝過濾，酒精含量為適度的 48%。做得好。

這是一款經典的艾雷島麥芽威士忌──鹹味，泥煤味，酚味，風味非常豐裕。令人印象深刻。

因此，至少在我看來，這一版的拉弗格比 10 年版（酒精 40%）的改進很大──更加圓潤，更充滿活力，較飽滿而甜美。您對於拉弗格的所有期望，事實上還要多，至少在這一款酒中證明了傳統方式真的最好。

色澤 Colour 如煉銅般清淺。

嗅覺 Nose 濃重泥煤煙燻，甜味，椰子奶油與一點巧克力調。

味覺 Taste 大膽、張揚，飽滿酒體，包覆口腔（較高的酒精度與未冷凝的影響在此展現），黏度高，口感佳。但與 10 年單一麥芽相比較為溫和甜美。

餘味 Finish 令人驚訝的延長尾韻，加入泥煤煙燻與些許炭火一起嘻耍。辛香料調性，酒廠商稱之為「活力柳橙」，我難以明白。

評鑑 Verdict

66

製造商	蘇格蘭　雲頂米契爾 有限公司 J & A Mitchell & Co. Ltd
酒廠	蘇格蘭　阿蓋爾與比特島 坎培爾城　雲頂 Springbank, Campbeltown, Argyll and Bute
遊客中心	有
購買地點	專賣店與網購
價格	■■□□□

www.springbankwhisky.com

Longrow 朗格羅
CV

原始的朗格羅隨著坎培爾城（Campbeltown）的沒落而很早就消逝，但在 1973 年，隨著部份重泥煤麥芽威士忌開始在雲頂（Springbank）生產，這個名字也重新出發，向世人證明了並非只有艾雷島獨占重泥煤這種風格。隨著時間過去，他們的努力逐漸得到了愛好者的認同，於是儘管沒有大量生產，但今日的格朗羅已有經常性的蒸餾作業。

因此您可以說朗格羅就是泥煤口味的雲頂，然而兩者還是有顯著的差異。麥芽經過泥煤煙燻的確是主要差異之處，但不像雲頂，這款酒在蒸餾過程中會進行傳統的二次蒸餾，並且混合使用雪莉桶與波本桶來熟成，增添了甜味與辛香料，使泥煤風味不致太過。

市面上並不容易買到朗格羅，但這款無酒齡標示的 CV 可以在專賣店購入，或到官方網站購買。與該公司的標準酒款酒精含量一致，這款未經冷凝過濾的威士忌以 46%裝瓶——此策略我個人非常讚賞。結果生產出的威士忌具有更佳的口感，帶有令人愉悅的油質，呈現背後精良的技術。我真心希望更多酒商也能採取這種方式。消費者們，這款酒絕對值得您多花一些費用！

雖然這並不是您所會喝到最精緻的威士忌，但儘管它酒精濃烈，許多品鑑者都發現，即使不加水，這款威士忌也能展現美好口感。若您鍾情於巨大、大膽、張揚的風味，又「受夠」了艾雷島，接下來不妨嘗試這款朗格羅 CV。若符合您的心意，還可以嘗試一款傳統英式酒精度 100（純度 100），或是幾支帶不同酒齡的酒款，以及奇異的格山巴羅洛（Gaja Barolo）紅酒尾韻的朗格羅。

色澤 Colour 中金色。

嗅覺 Nose 香草、泥煤煙燻、小豆蔻三者優越的平衡。

味覺 Taste 大膽而張揚；強勁。香草前味，接著出現柑橘（或檸檬醬？），傳出辛香料與煙燻浪潮。

餘味 Finish 出人意料的溫和與平衡，當煙燻消退時，香草太妃糖隨即登台謝幕。

評鑑 Verdict

67

製造商	瑞典　瑪克米拉・ 斯文斯科威士忌公司 Mackymyra Svensk Whisky AB
酒廠	瑞典　瓦爾堡　瑪克米拉 Mackymyra, Valbo, Sweden
遊客中心	請致電安排參觀時間
購買地點	專賣店與網購
價格	■■■□□

www.mackmyra.com

Mackmyra 瑪克米拉

近十幾年來，關於世界的威士忌產業有件令人興奮的事，就是新興製造商爆炸性地出現，廠商無不使出渾身解數，在水、大麥與酵母的簡單組合裡大做文章，幻化出無限可能。但無論這些威士忌是有待改進，或是已臻完美，即使是最好的產品，也有本書所要呈現的一個問題：市場可購買度。由於這些酒廠大多數採用小量工作坊式的運作，因此威士忌產量極為有限，很快便銷售完畢。

瑪克米拉並非是瑞典唯一一家威士忌酒廠，但是該國所建造的第一家，不過由於始自 1999 年，因此您還有機會可以找到一些。老實說，無論您找到的是什麼，就請買下吧（首次發行在 2006 年三月，一個小時內就售竭）但當然還是要由您作主。

不妨將好奇化為實際行動。瑪克米拉發行了一些特別版本與限量版，但您可能會為「序幕」威士忌駐足（Preludium，為該廠首發版本），或者是「第一版」（First Edition）。這些都值得嘗試。由於瑪克米拉不斷地在嘗試不同的木桶與換桶技術，甚至還在地下 50 公尺的老礦場熟成他們的威士忌！

您可以直接向酒廠買一桶威士忌，然後再去查看。只是要注意，瑪克米拉價格昂貴，這是因為瑞典的勞工昂貴，加上所有裝瓶酒精度達到 46%，因此單瓶售價約為 50 到 60 英鎊，不算平價（序幕版本量更少，比一般的瓶子小，只有半公升）。不過，的確值得。

色澤 Colour 淡金色。

嗅覺 Nose 果香中有柑橘、梨子、蘋果、蜂蜜，輕微橡木與穀物調性。

味覺 Taste 柑橘、焦糖與蜂蜜。可能會注意到有些橡木味。

餘味 Finish 黑巧克力暗示。

評鑑 Verdict

68

製造商	美國　財富公司 Fortune Brands, Inc
酒廠	美國　肯德基州 洛雷托　梅克斯馬克 Maker's Mark, Loretto, Kentucky
遊客中心	有
購買地點	一些超市與專賣店
價格	■□□□□

www.makersmark.com

Maker's Mark　梅克斯馬克

這款肯德基州波本威士忌曾在大西洋兩岸成為愛好者追尋的目標，是由於受到財富公司創始者的直接繼承人小比爾·塞繆爾（Bill Samuels Jr）熱情天性的影響。幾年前我曾與他有一面之緣，我們見面沒多久，他便將一把手槍放到我的手裡讓我觀賞，那是一把古董槍，不過我只是一個普通老百姓，當時面對手裡的槍實在有些緊張。

然而這是該酒廠還是私人經營的好些年前。儘管它的市場銷售傾向於給人一種獨立商的印象，但實際上自 1981 年起，酒廠便在不同的企業中幾經轉手，直至今日納入同時擁有金賓、拉弗格與加拿大俱樂部（Canadian Club）等知名威士忌財富公司麾下。

在美國的威士忌中，梅克斯馬克顯得與眾不同，它以「蘇格蘭式威士忌」自居。為了擴大產量，他們並沒有採取擴充廠房的方式，而是於 2002 年在原酒廠旁邊建立了第二座酒廠。為獲得平衡的熟成結果，他們會將倉庫內不同層架的橡木桶交換位置。

這款威士忌的外觀也很引人注目：方形的瓶身上面覆有垂落的紅蠟，並從瓶蓋上端蔓延至玻璃瓶身。更重要的是，麥芽汁原料不含裸麥，而是獨到地混合了黃玉米、紅冬小麥與大麥麥芽。蒸餾時酒液會先經過柱式蒸餾管，然後在罐式蒸餾器中完成，這些都增添了威士忌成品的風味。

人們特別欣賞它溫和與細緻的味道，比大多數美國波本威士忌更為柔和。儘管今日該款威士忌的行銷分佈範圍與品牌初建時相比大大增加，它依然堅持一些榮耀，自詡為愛好者的酒：一個為「懂得的人」所製的酒。您現在也是懂酒人。

色澤 Colour　琥珀色。
嗅覺 Nose　香草與辛香料，熱帶水果與一些甜美橡木。
味覺 Taste　酒精濃度 45%，酒體中等到飽滿，帶有辛香料（薑），焦糖與包覆口腔的油質。
餘味 Finish　一些煙燻，細緻地與蜂蜜漬水果融合。

評鑑 Verdict

69

製造商	美國　海悅酒廠公司 Heaven Hill Distilleries, Inc
酒廠	美國　肯德基州　路易斯維爾市　伯漢 Bernheim, Louisville, Kentucky
遊客中心	有
購買地點	專賣店
價格	■□□□□

www.heaven-hill.com

Mellow Corn　醇味玉米

　　這是一款不同尋常的獨特美式威士忌，幾乎可說是市面上最接近私釀酒風味的合法的威士忌（等同於蘇格蘭的「新酒」——請參見〈格蘭格拉索〉一文）。儘管口味無法與那些最好的威士忌相比，譬如列在此書中的品項。但由於價格便宜、有趣，值得一試（這是為了認識大麥發芽和熟成帶來的有益影響）。

　　但首先請容我稍作解釋。在波本威士忌誕生之前，市面上只有玉米威士忌。而如今的純玉米威士忌（straight corn whiskey）要求磨碎的穀物配方中玉米含量不得低於 80%，且必須經過熟成，熟成之後必須使用未經炙烤的新白橡木桶或重裝波本桶。這樣的組合是源自於私酒販賣與私釀，漸漸地忽略了政府的規定，因此這呈現了深植於美國的傳統，也呈現在大眾流行文化中，如NASCAR 全美汽車比賽或《飆風天王》（The Dukes of Hazzard）等電視節目。

　　儘管現今非法私釀酒產量仍然蓬勃，由網路上可以買到各式家用蒸餾器等相關製酒設備，可以略見一二，但長久以來唯一保存此種傳統風格的主流合法製造商，僅有海悅酒廠一家，值得嘉許。目前有許多小型手工製造商也加入這個有樂趣的行列。

　　海悅的產品範圍包括迪克西真露（Dixie Dew）、JW 玉米（J W Corn）等高階產品。喬治亞月光（Georgia Moon）瓶身使用您的老祖母以前裝自製果醬醃菜的瓶子，比醇味玉米更加便宜（也較生澀），酒標幟著「熟成低於 30 天」，至少它很誠實。

　　除非您想節省幾張鈔票，這款醇味玉米是理想的選擇，受到熟成兩年的助益，使酒精含量達到良好的 50%，最適合以高飲作為款待對威士忌假裝內行的人。

色澤 Colour　淡金色。
嗅覺 Nose　蠟質（本應如此），伴有輕微的花香與香草。
味覺 Taste　令人意外的複雜，有包覆口腔的油質，伴有水果與太妃糖。
餘味 Finish　相當具有活力。水果、木質與焦糖調，性持久。

評鑑 Verdict

70

製造商	蘇格蘭　格蘭特父子 酒業有限公司 William Grant & Sons Distillers Ltd
酒廠	無：調和威士忌
遊客中心	無，但格蘭菲迪以及 百富尼酒廠都有參觀導覽
購買地點	一些超市與專賣店
價格	■□□□□

www.monkeyshoulder.com

Monkey Shoulder 金猴麥芽威士忌

這款威士忌真的不是您所期待的、格蘭菲迪與百富尼的製造商——格蘭特父子公司的風格。從金猴這個玩世不恭的名字（但我們接下來會看到它的歷史淵源，我是說真的！），令人頭疼的嘻哈風網站，以及強調雞尾酒和潮吧為主的風格，種種組成一個自覺令人頭痛的市場行銷策略。

重點是，這是一款相當不錯的威士忌，也贏得許多年輕人稱為「尊敬」的眼光。所以它究竟是什麼？技術上來說，它是一款純麥威士忌——意思是說，它調和了幾款單一麥芽威士忌的混合，但不含穀物威士忌（若混有穀物威士忌，則只是一款一般的調和威士忌）。由於格蘭特父子公司幸運地坐擁數家知名酒廠，調和一些所生產的格蘭菲迪、百富尼與奇尼維（Kininvie，是位於達夫頓的第三家酒廠，但對外一向保持低調），因而創造出了這款既適於飲用，也可以調製雞尾酒的威士忌。

這款酒是由他們的調酒大師大衛史都華（David Stewart），一位絕對傳統的威士忌人。威士忌本身是經過仔細挑選的木桶，以小批量生產，裝瓶前再經過進一步的熟成。

格蘭特在行銷文案中厚臉皮地稱之為「蘇格蘭三重麥芽威士忌」，我認為大家心照不宣，但在此先略過不談。這款威士忌確實很受到新潮酒吧踴躍地歡迎，並且上市之後連連贏得數個獎項。

金猴麥芽威士忌的價格十分具有競爭力，加上有趣的包裝，瓶子上有三隻調皮的小猴往瓶頸攀爬。至於產品名稱？它顯然來自於工人地板發麥時手工翻動麥芽動作的後遺症，而非您所想像的，一些胡鬧的猴子惡作劇。

若有人不怎麼喜愛威士忌，不妨讓他們嘗試這一款，或是調製任何一款官方網站上建議的雞尾酒。請盡情猴飲吧！

色澤 Colour	亮金色，帶有銅金色澤。
嗅覺 Nose	香草、檸檬皮與新鮮水果。
味覺 Taste	基本上作調酒用，但請避開香蕉味（我是說真的！）。一些辛香料與柑橘暗示。
餘味 Finish	令人放鬆，相當快速的完結，但平衡良好。

評鑑 Verdict

71

製造商	英國　帝亞吉歐 Diageo
酒廠	蘇格蘭　班夫郡 達夫頓　莫拉克 Mortlach, Dufftown, Banffshire
遊客中心	無
購買地點	專賣店
價格	■■■□□

Mortlach 莫拉克

16 Years Old 16 年

由於許多不明原因，莫拉克始終未能躋身於帝亞吉歐經典麥芽精選系列，或許是因為這間傳統的斯佩賽區酒廠——事實上是達夫鎮（Dufftown）的第一個酒廠——主要產量都用於調和威士忌，也是約翰走路的主要調和威士忌成份。

這真是令人惋惜，因為莫拉克具有吸引愛好者的許多條件。我們有酒廠的歷史性地位：初建於 1823 年，曾經短暫作為啤酒廠甚至教堂；開創格蘭菲迪之前，威廉姆．格蘭特也在此擔任經理工作。1960 年代，酒廠經過完全翻修更新，卻仍保留了原本非正統的蒸餾器設計。在莫拉克酒廠內各有三座第一段蒸餾器（wash stills），以及第二段烈酒蒸餾器（spirit stills），您可能會覺得很傳統，但由於每一座的尺寸與蒸餾方式皆不盡相同，稱為「不完全三次蒸餾」或「部分三次蒸餾」（partial triple distillation），非常獨特。

此外，莫拉克酒廠還保留了戶外蟲管式冷凝器（worm tub condensers），在長時間熟成後，將會得到盛大而肉感的、風味醇厚的威士忌，備受幸運能獲得一瓶的愛好者推崇。不過遺憾的是，由於不具有遊客中心，想要參觀酒廠並不容易，而酒廠本身也不對外開放。

有許多獨立第三方行銷商的裝瓶版，近年來，帝亞吉歐也推出了一些特別版本，如最近的「經理選擇特別版」（Manger's Choice，單瓶售價 250 英鎊的 12 年威士忌，發行量僅為 240 瓶，無怪乎這樣的做法受到部份威士忌部落客的質疑）。

不過我們幾乎不必要花這麼多錢。莫拉克標準的 16 年份版足以吸引一大批可能的喜好者，這款強壯的威士忌，卻具有複雜性和驚人的微妙（但不免假想，若這款是未經冷凝、酒精含量 46%）。已故的麥可．傑克森稱莫拉克「如雕像般」、「優雅」，並一度寫下「我每次舉杯都會發現新的香氣與風味」，我毫無異議。

色澤 Colour 深而豐裕，明顯受到橡木桶影響。

嗅覺 Nose 立即的雪莉桶衝擊，濃郁水果蛋糕香氣，但同時也出現花香調性。

味覺 Taste 豐裕、肉感與堅實；風乾水果與一些焦味（並不令人反感）。

餘味 Finish 傳出辛香料與木質，伴有一些煙燻暗示。

評鑑 Verdict

72

製造商	日本　Nikka Nikka
酒廠	日本　余市與宮城峽蒸餾廠 Yoichi and Miyagikyo Distilleries, Japan
遊客中心	有，兩家蒸餾廠皆可造訪
購買地點	專賣店
價格	■■□□□

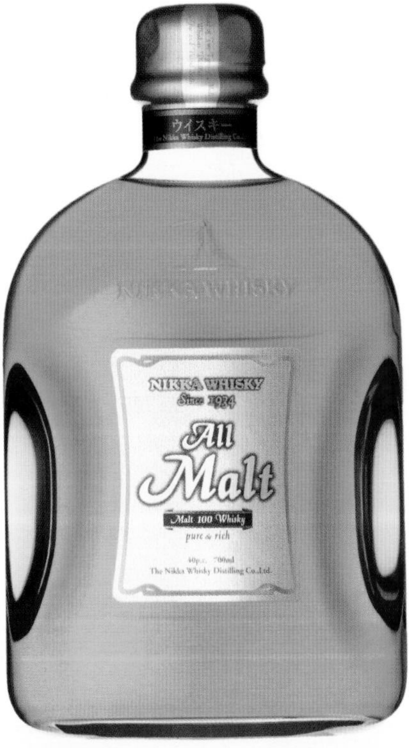

www.nikka.com

Nikka
All Malt

Nikka
酒窩

請注意：這是一款非常、非常有趣又獨特的威士忌。這款無酒齡標示的調和麥芽威士忌，調和自 Nikka 余市與宮城峽酒廠的罐式蒸餾麥芽威士忌，並且有一部分威士忌使用 100%大麥麥芽汁，以宮城峽酒廠的柯菲（Coffey）連續式蒸餾器蒸餾而成。

因此，如果這樣的威士忌在蘇格蘭製造，基於蘇格蘭威士忌協會（SWA）的決定，麥芽威士忌不可在柱式蒸餾器（column still）中製造，即使以 100%大麥麥芽與全銅製蒸餾器也不符合標準，因此不能冠以「麥芽威士忌」字樣。這造成酒廠與協會之間的爭議，例如羅夢湖（Loch Lomond，不過它非 SWA 成員）酒廠就指出其不合理之處，一些評論家也表示這會阻礙威士忌產業走向綠化節能，卻是一個創新的機會。

對於這種可怕的懷舊遺毒的批評，相信我並非唯一。追溯到 1950 與 60 年代，遙想當時英國製造業協會依然生產汽車、電視機與船舶等，直到墨守成規的管理、強硬的工會與自滿的政治家允許進口（若有的話，也通常來自日本）接管了我們的市場。我這麼想並非採納「小不列顛」的心態，而是單純地觀察到，所有一切事情都改變了，唯有創新是消費市場的命脈，而一味固守權威、傳統操作與前人遺惠（拿來當作市場操作比歷史事蹟的意義還大），最後終究證明陷入死胡同。

不過大智大慧的蘇格蘭威士忌產業當然不會同意我，早自 1930 年起，業界就已將一群「具有敏銳商業頭腦」的英才們組織起來。事情如何靜待發展，個人是非常希望能證明我的錯誤。

無論如何，由於日本威士忌產業沒有這些墨守成規，因此我們可以親身品鑑來作判斷。該款威士忌物超所值，以柔和謙遜的低調呈現出美味口感。

色澤 Colour 飽滿金黃色。

嗅覺 Nose 乾淨、微妙，帶有穀片暗示。

味覺 Taste 包覆口腔，太妃糖與香草；麥芽與梨子，水果與香草氣息展開。

餘味 Finish 輕度酒體，卻持續悠長，組成良好。

評鑑 Verdict

73

製造商	英國　帝亞吉歐 Diageo
酒廠	蘇格蘭　阿蓋爾與 比特島　歐本 Oban, Argyll and Bute
遊客中心	有
購買地點	專賣店，中高階超市 也可能發現
價格	■■□□□

www.malts.com

Oban 歐本
14 Years Old 14 年

這款威士忌屬於帝亞吉歐經典麥芽系列之一，因此自然無須大肆宣傳。不過對我來說這支威士忌卻缺乏像同級產品般的名聲和魅力。也許經營者無意著重於宣傳，原因在於歐本產量受限，倘若大家明白它的絕妙風采，市場存貨肯定快速銷售一空。

歐本酒廠位於美麗迷人的西高地小鎮正中心，小鎮圍繞著酒廠而發展，因此現在空間有限，難以擴展。但這種限制或許也是件好事，至少風味不會隨著成長而改變，一切都會持續，如同人們活在歷史裡。

該品牌有兩種不同「標準」版本，分別為歐本 14 年與經過雪莉桶過桶的特別蒸餾版（Distiller's Edition）。偶而還會不時發行諸如經理之選（Manager's Choice）的特別版本。坦白說，在我憤世嫉俗的眼裡看來，這些其實是針對收藏家市場，有些日益升高的評論認為，這些品項標價過高了些。

但我們無須多慮，因為歐本留給我們美味的 14 年威士忌。這是個可愛的東西！充滿了複雜性，鹹味與煙燻但不失平衡或過於勉強；初始的印象受到乾果佔據，一股檸檬的甜味溫和地消退在更多的煙燻和麥芽調性中。如此優質的威士忌不到 40 英鎊。若您覺得一些艾雷島的麥芽過於強烈，這款必定適合您的口味。我個人非常喜愛。

色澤 Colour 中金色。

嗅覺 Nose 新鮮乾淨，微有鹹意；一些水果與陣陣煙燻。

味覺 Taste 中等酒體，柔軟，包覆口腔；入口甜美，而後發展出較多複雜性，帶著辛香料與柑橘，隨著發展飄出煙燻與乾果。

餘味 Finish 鹹香是否為關聯想像？唯有再飲一杯以解我心中疑惑！

評鑑 Verdict

74

製造商	蘇格蘭　英佛豪斯 酒業有限公司 Inver House Distillers Ltd
酒廠	蘇格蘭　凱思內斯郡 維克　富特尼 Old Pulteney, Wick, Caithness
遊客中心	有
購買地點	專賣店，或一些高階超市
價格	■■■□□

www.oldpulteney.com

Old Pulteney 富特尼
17 Years Old 17 年

「等我飽經風霜，到了可以瞭解老富特尼（Old Pulteney）的年紀時，我能夠欣賞它完熟的品質，與北方氣質裡的強烈特性。」蘇格蘭最優秀的作家之一、威士忌最熱心的擁護者，尼爾·剛（Neil M. Gunn）在其 1935 年經典著作《威士忌與蘇格蘭》（*Whisky & Scoland*）中如是寫道（建議您有一天試著閱讀這本書）。

老富特尼依然傳達出一種獨特的個性，但在這款 17 年中，則將這種個性發揮得淋漓盡致。這家酒廠位於維克（Wick）海岸，由於令人矚目的平頂蒸餾器（fat-topped stills），在海岸地區蔚成風景。在漫長的歷史中幾經轉手，直到現今被納入英佛豪斯旗下，才真正受到重視。他們十分努力打造與推廣品牌，已發行過許多引人矚目的版本，包括令人敬仰的 30 年份。

不過，統整考量其風味與真實價值，我個人還是必須選擇他們的 17 年份（也有一款 21 年份，但對我來說有些熟成過度）。說實話，若這位青少年來自艾雷島，威士忌愛好者會爭先購買，以品味它的活潑生動，鹹味，以及悠長餘韻。一些品酒師從中嘗出鳳梨與椰香調性，而有人讚頌其甜鹹二味的平衡。以我個人來說，我愛好它的鹹味後傳出香草，以及美味的奶油質地、充滿口腔（裝瓶酒精度為 46%），尾韻消逝中傳出些許甜橙。

這支威士忌在過去幾年中贏得數個重要獎項——可見裁判們確實明白。尼爾·剛是位威士忌鑑賞大家，相信若他在世也會愛上這款酒。

色澤 Colour 以年份來說相當淺，主要是受熟成過程中重裝波本桶的影響。

嗅覺 Nose 甜味中帶有鹹味，多量蜂蜜、香草與檸檬。

味覺 Taste 明顯地複雜，需要時間來判斷，大麥麥芽傳出一些甘草與巧克力風味，傳出現陣陣鹹味。

餘味 Finish 餘味纏繞，穩定而一致地漸漸收乾與消退。

評鑑 Verdict

75

製造商	愛爾蘭酒業公司 Irish Distillers
酒廠	愛爾蘭　科克 米德爾頓 Middeton, Cork, Ireland
遊客中心	有
購買地點	專賣店，或一些高階超市
價格	■■□□□

www.irishdistiller.ie

Redbreast 知更鳥

我猜您在市面上找不到一瓶綠寶（Green Spot）（並不特別感到驚訝），因此，這是您所要買的酒——除了是最佳的第二選擇，12 年的熟成年份，會展現出額外的一些成熟風味。再者，這亦是一款愛爾蘭罐式蒸餾威士忌，因此比較稀有，但與稀有的綠寶相比還算比較容易找到。

如今，愛爾蘭蒸餾公司屬於業界巨擘保樂力加集團旗下一員，他們一向認真對待威士忌的蒸餾。您可以前往參觀位於科克附近的老酒廠，但已不再運作，如今是一家博物館與遊客中心，十分值得一遊。真正運作的酒廠址距離原址不遠，現代化的廠房內部具有大規模範圍的蒸餾器，生產各式各樣的烈酒（包括琴酒與伏特加），不用說，您不能參觀這些設施。

知更鳥最初於 1939 年由原尊美醇（Jameson）酒廠為吉爾伯（Gilbey's）所生產，但酒廠關閉後，庫存的熟成威士忌賣完之後，品牌就逐漸凋零。但由於觀察到綠寶的起死回生，以及蘇格蘭單一麥芽威士忌的風起雲湧，愛爾蘭酒業公司（Irish Distillers）推出了由米德爾頓酒廠生產的 12 年份，獲得一致好評。此酒混合使用雪莉桶與波本桶，成為其風格的經典代表。

這是一款獲得重要獎項的威士忌，在獨立品鑑會上經常獲得高分。以不超過 30 英鎊的售價來說，物超所值。

色澤 Colour 精緻的銅金色。

嗅覺 Nose 聞起來酒體豐厚，可期待它將令人興奮。

味覺 Taste 重量級的威士忌，但具有許多風味與多種層次可供探索。甜美，有許多熟莓果與辛香料調性，蜂蜜布里歐麵包。酒精含量為 40%，非常飽滿、油質。

餘味 Finish 持續傳來香草、蜂蜜、橡木與辛香料的波浪。

評鑑 Verdict

76

製造商	蘇格蘭　起瓦士 兄弟有限公司 Chivas Brothers Ltd
酒廠	蘇格蘭　奧克尼島 斯卡柏 Scapa, Orkney
遊客中心	無
購買地點	免稅店
價格	■■■□□

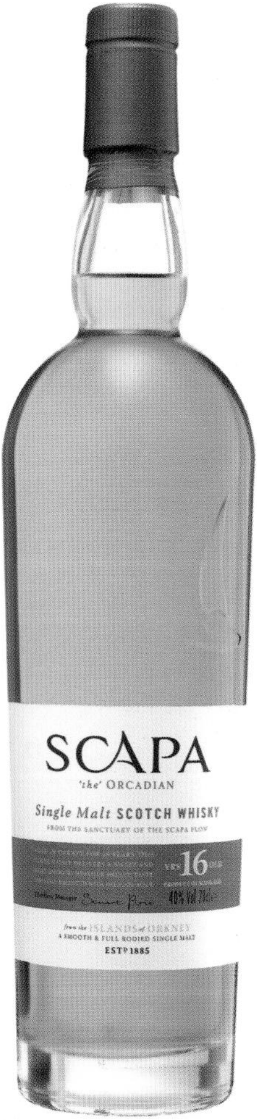

www.chivasbrothers.com
www.scapamalt.com

Scapa　斯卡柏

14/16 Years Old　14/16 年

斯卡柏酒廠戲劇性地座落於奧克尼島名勝斯卡柏海灣（Scapa Flow），這個小型的酒廠經過動盪的歷史、市場銷售惡劣，受到較為知名的鄰居——高原騎士的巨大陰影所覆蓋。但這個小寶石仍然是值得關注的，只是您必須注意自己買的是什麼，並且懂得去欣賞、認識一小部分的歷史。

直到 2004 年，斯卡柏的廠房外觀都是傾頹歪斜的模樣，許多屋頂殘破，電力系統毀壞，大家都認為這就是它的命運。然而，在眾人的驚訝聲中，經營者斥資兩百多萬英鎊將廠房完全翻新——但仍堅決不對外開放。次年，保樂力加旗下的起瓦士兄弟收購了酒廠，再度傳出倒閉甚至再度出售的傳言。

不過，希望卻在這隻醜小鴨身邊的愛好者中升起——或許它將蛻變成為一隻天鵝。雖然多年來，斯卡柏 14 年威士忌的市場經營一向散漫，但鑑賞家讚賞它清淡的無泥煤島式風味，相當獨特。然而，起瓦士重新發行該品牌之後，同時也推出了一款 16 年份版本——可惜的是，我卻不認為它是成功的。

首先，價格提高了，您得到一支更加優雅的瓶身與包裝，而威士忌本身卻變得虎頭蛇尾。其次，由於庫存有限，無法滿足全世界市場的需求，於是他們決定將酒精含量降為 40%，此舉徹底錯誤，造成酒質稀薄（經過冷凝所致），缺乏真實個性。儘管斯卡柏帶著蜂蜜風味與鹹香滋味，令人愉悅。但我還是要說，我建議您不妨忽略官方網站上關於羅門式蒸餾器（Lomond Wash Still）的宣傳術語——在我看來，那根本就不是。這個蒸餾器經過大幅度的修改，拿掉了內置的板子，充其量只能說保留了奇怪頭頸外形的一個壺式蒸餾器。不過如此！

因此在本節沒有品鑑記錄，因為我不知您在這兩款斯卡柏威士忌中，會去購買哪一款。您所需的是找到裝瓶廠酒款，並向天祈求好運，希望買到的是好貨；無論是戈登馬克菲爾版（Gordon & MacPhail），還是起源版（Provenance），兩種版本各有口碑。

不過，為了表示支持鼓勵，我還是希望您能夠盡量購買官方版本。畢竟，他們已經盡力嘗試做對的事，和前面版本的微弱努力來說，已有很大的進步。

評鑑 Verdict

77

製造商	蘇格蘭　斯賓塞菲爾德烈酒有限公司 The Spencerfield Spirits Company
酒廠	無：這是由來自懷特馬凱公司的麥芽場所調和成的純麥威士忌
遊客中心	有
購買地點	專賣店，或一些高階超市
價格	■■□□□

www.spencerfieldspirit.com

Sheep Dip　山羊浴液

俗話說，天助自助者，斯賓塞菲爾德便是一家勇於嘗試的公司。

該公司由亞歷克斯·尼克爾（Alex Nicol）建立，當時在威士忌產業資歷很深的他，與原東家懷特馬凱的上司們鬧翻，因而選擇離開。至此故事還算平常，但當亞歷克斯從懷特馬凱離開時，他沒選擇一般的遣散費方案，卻帶走備受冷落的山羊浴液品牌；山羊浴液一直在公司的酒窖裡凋零憔悴。於是亞歷克斯與公司簽訂了供應協議書。

接著他說服了懷特馬凱的調和大師，熱情洋溢的理查·帕特森，二者一起工作，一起創造了山羊浴液的一款嶄新的調和麥芽威士忌。山羊浴液曾經在過去達到了奇蹟般的成功，這樣的品牌必須依賴獨立銷售商對品牌以及消費者的經營，需要時間和關注，但在企業手中，山羊浴液並非第一優先，因此成功的光彩漸漸消失。

但亞歷克斯與妻子珍徹底挑戰了這個問題。為了給威士忌正確的市場定位，他們投資打造戲劇性的全新包裝，兩人還用舊的運馬拖車載著酒，開車到各鄉鎮大小會場展示樣品並銷售。就在這樣一步一腳印之下，漸漸累積了消費者的認同，一旦人們品嚐之後便欲罷不能。雖然過程緩慢且艱辛，山羊浴液一瓶一瓶地重新從市場上站起來。

如果這不是一瓶非常好的威士忌，我不會告訴您這些故事。這款了不起的威士忌，背後藏有偉大的故事，與一群努力的人們（亞歷克斯，這樣夠挺你嗎？）。此外，他們的官方網站也十分精彩，告訴您更多可愛的細節。

色澤 Colour　豐裕而溫暖的金色。
嗅覺 Nose　非常充滿花香，帶有蜂蜜、麥芽與新鮮水果。
味覺 Taste　高地與斯佩賽區麥芽風味強烈，酒體重卻不失細緻或平衡。
餘味 Finish　許多可供探索，最後出現艾雷島風味，加入煙燻，亦迴盪有一些辛香料。

評鑑 Verdict

78

製造商	蘇格蘭 伊恩麥克勞德酒業有限公司 Ian Macleod Distillers Ltd
酒廠	無
遊客中心	無
購買地點	專賣店
價格	■■■■□

www.smokehead.co.uk

Smokehead 蘇摩克
Extra Black 極黑

啊！這款威士忌不愧具有「封籤」（Ronseal）保證，如同標籤所言。我並不怎麼喜愛它，但如果您喜好強大的煙燻泥煤怪獸，請您務必嘗試它。老實說，我覺得此款有點超過，但不可否認的，品嚐它就像坐雲霄飛車。事實上，它更像是一個大規模殺傷性武器——至少對我的味蕾而言。每當品嘗過這一款酒，我都需要睡一場好覺，等到我的口腔徹底乾淨之後，才能繼續第二天的品鑑工作。啊！

基於這個原因，敬請小心——請勿低估它全面潰敵的力量。這款 18 年艾雷島單一麥芽威士忌（雖然未經證實，但威力無窮）是傑出的伊恩麥克勞德酒廠（Ian Macleod Distillers）在泥煤風潮大為盛行之際所推出的產品。我無法想像他們還能用這款酒來做什麼：僅僅最小一滴蘇摩克極黑，就可以把整杯調和酒的風味佔領。

該款威士忌還有一兄弟產品，標準蘇摩克。不過若您愛好此風格，如果能買到攪碎機，何必要模仿品？我認為極黑強烈的口感所帶來的衝擊力，就像電影《搖滾萬萬歲》（*Spinal Tap*）裡面將擴大器調到最高的音量 11，這款酒就是如此地搖滾，除非您想要有這樣的衝擊，否則請勿嘗試。

我已經善盡警告之責，接下來則由您決定。而且這款酒價格並不特別便宜，但可以讓您盡情搖滾。

色澤 Colour 令人好奇的淡色，我不認為有經過雪莉桶熟成。
嗅覺 Nose 泥煤，煙燻，更多煙燻，更多泥煤，鹹味，然後又是泥煤。
味覺 Taste 辛香料、胡椒、還有更多泥煤煙燻的大爆炸。泥煤大浪席捲而來。還有鹹味。
餘味 Finish 各位，抱歉，我現在必須要離開去喝杯水了。

評鑑 Verdict

79

製造商	蘇格蘭　英佛豪斯 酒業公司 Inver House Distillers Ltd
酒廠	蘇格蘭　班夫郡　羅斯市 斯佩波恩 Sepyburn, Rothes, Banffshire
遊客中心	無
購買地點	專賣店
價格	■■■■□

www.speyburn.com

Speyburn 斯佩波恩

Solera 25 Years Old 索樂拉 25 年

作為一家鮮為人知，但傳統又迷人的斯佩賽區酒廠，斯佩波恩理應得到更多名聲。該品牌的 10 年版本在美國獲得成功，但主要是由於價格激進，只是非常遺憾，它在英國卻難以覓得。此外，沒有遊客中心亦是一大憾事。

酒廠是查爾斯・多哥（Charles Doig）的又一經典設計，於 1897 年建成，恰逢維多利亞時代威士忌繁盛的末期，多年來屬於 DCL 公司所有。最初由於 1980 年代的生產過剩，斯佩波恩停止發售（所謂的「威士忌湖」。註：由於生產過剩卻經濟蕭條，賣不掉的威士忌可以倒成一座湖泊），不過所幸後來於 1991 年轉手至以艾爾德里為基地的英佛豪斯公司旗下。

酒廠所生產的大多數威士忌用於調和，但所發行的索樂拉 25 年版本，用句俗話說，「為他而死也甘願」。真是非常傑出，您可以在英國專賣店找到一瓶約 70 英鎊的價格，簡直是不可思議。

不過別告訴他們——不妨趁此機會多買一瓶或三瓶，享受這豐富甜美的 46%經典斯佩賽區風味，如果加上設計師的性感包裝，再放到知名品牌旗下，這款酒就會有大排長龍的愛好者爭相以三位數一瓶求購。事實上，如果您將它裝到某某瓶中……喔喔，我們還是就此打住，別再繼續探討下去。

衷心地說，這款酒是愛好者的秘密。您無法造訪酒廠（真遺憾），專賣店也一瓶難尋，但我向您保證，您一定會印象深刻。趁有人向經營者打小報告以前，趕緊先下手為強吧！

色澤 Colour 以年份來說，令人好奇的淡色，但是充滿吸引力的淡金色。

嗅覺 Nose 軟橡木與香草。蜂蜜、水果蛋糕與些微煙燻。

味覺 Taste 包覆口腔，富裕而溫暖，奶油蜂蜜的甜美，烤焦柑橘與細緻橡木調。

餘味 Finish 柔滑、平衡良好而悠長持久。或許有點完熟柑橘暗示，但只在末尾。

評鑑 Verdict

80

製造商	蘇格蘭　雲頂米契爾有限公司 J & A Mitchell & Co. Ltd
酒廠	蘇格蘭　阿蓋爾與比特島坎培爾城　雲頂 Springbank, Campbeltown, Argyll and Bute
遊客中心	有
購買地點	專賣店
價格	■■□□□

www.springbankwhisky.com

Springbank 雲頂
10 Years Old 10 年

在很久以前，坎培爾城曾是蘇格蘭最為重要且備受敬仰的蒸餾中心之一。但多年來，由於諸多原因，此地逐漸沒落，僅剩雲頂一家酒廠仍然持續地活躍運作。

在 1970～80 年代，由於歷史因素、古怪個性、頑固的獨立性以及有意的抵抗，雲頂酒廠在無法順應時代潮流中掙扎求生。1987 年，已故的麥可・傑克森將其描述為「非常傳統的酒廠，多年未生產」。

然而，總有一些死忠熱血的真理捍衛者，加上經營者堅決地捍衛著，無視於「進步」呼聲。當時，您可以購買自己的酒桶，可惜現在不能這麼做了。到了 1990 年代早期，單一麥芽風潮漸漸平息之後，雲頂開始獲得幾乎是神秘的崇敬與關注，由於地理位置偏遠，更增添其地位（即使以蘇格蘭標準來說，坎培爾城還是屬於較偏遠地區），即使面對大眾青睞，酒廠依然保持隱士般疏離的作風。

酒廠依舊傳統，事實上，在廠房裡漫步，彷彿踏入維多利亞時代的蒸餾教科書——酒廠堅持以不同尋常的 2½蒸餾過程（在官方網站有非常詳盡的解釋，因此在此不再贅述）。再加上地板發麥法，無冷凝過濾與上色，勞力密集型生產，處處顯示雲頂是最為傳統的蘇格蘭威士忌。

由於近幾年來生意蒸蒸日上，因此經營者甚至勇於擴充一家名為基爾肯蘭（Kilkerran）的新酒廠。現今各式各樣的風格都在雲頂生產，產品有戲劇性的差異（請參見本書朗格羅篇），但這款雲頂 10 年屬於標準版本，最為普遍、容易取得。這是一款「必買」的威士忌。

色澤 Colour 已知會根據所使用的橡木桶而變化，從淡金色到深邃色澤皆有可能。別擔心，這是尋找特質的樂趣。

嗅覺 Nose 可期待皮革、一些泥煤煙燻暗示，辛香料與鹹味調性。

味覺 Taste 更多鹹味，豆蔻與肉桂，橘皮與意料之外的醋味，但適切。

餘味 Finish 甜鹹纏繞的輕微香氣悠遠綿長，結尾有煙燻暗示。

評鑑 Verdict

81

製造商	英國　英格蘭 威士忌公司 English Whiskey Co. Ltd
酒廠	英國　諾福克郡　勞德漢 聖喬治 St George's Distillery, Roudham, Norfolk
遊客中心	有
購買地點	專賣店
價格	■■□□□

www.englishwhisky.co.uk

St George's 聖喬治

在此我想打一個小小的賭，當本書上市發行時，英格蘭威士忌公司所受的關注和興奮度已大大降低，而產品將再度可以買到。這是因為筆者撰稿之際，聖喬治被訂單淹沒了，他們的首支威士忌搶購一空，導致必須關閉網路商店。

酒廠由諾福克郡農民詹姆斯與安德魯・內爾斯洛普（James and Andrew Nelstrop）所創建，並於 2006 年 11 月在艾雷島傳奇人物伊恩・韓德森（Iain Henderson）的主導下開始蒸餾運作。與有些人的投機性投資不同，內爾斯洛普二人以自有資金作為發展資源，因此，使得酒廠進展快速。

與其他一些酒廠促銷人員不同，這家酒廠採取了令人欽佩的方式，沒有在建廠之前進行預售威士忌活動。安德魯・內爾斯洛普本人非常堅持這一點，他對 2009 年世界威士忌大會評論說：「在建好酒廠之前預售（flogging casks）是種罪行。」本人也認為他是對的，若你也曾想「投資」這種方案，請先去躺下來讓欲望減退。

英格蘭威士忌事實上並非新公司，1800 年代，在英格蘭曾出現一批酒廠，但在世紀末之際都隨之關閉。憑著手中優質的大麥，一流的機器設備與正向積極的態度，聖喬治酒廠沒有理由不繁盛，並成為許多英格蘭酒廠的佼佼者。

英格蘭威士忌在羅德漢（Roudham）有一家極好的遊客中心（有新人甚至計劃在那裡舉行婚禮），您可以盡情遊覽並順道品嚐各式產品，從新成烈酒，到您閱讀本書時已熟成的 4 年份威士忌。它絕對是值得支持的一項冒險事業──創新、手工精製與高度的獨特風格，為威士忌帶來亟需的多樣種類、興奮與樂趣。

2009 年 12 月，這款熟成三年的聖喬治威士忌首發，評價非常正向，因此我可以安心地建議您放心去買。

評鑑 Verdict

82

製造商	蘇格蘭　帝亞吉歐 Diageo
蒸餾廠	蘇格蘭　斯凱島 泰斯卡 Talisker, Skye
遊客中心	有
購買地點	專賣店及部分高階超市
價格	■■□□□

www.malts.com

Talisker 泰斯卡
10 Years Old 10 年

這又是一款帝亞吉歐經典麥芽系列產品，長期以來，泰斯卡的古銅色澤、前衛與不妥協的風格備受好評。與本文推薦的幾款威士忌相同，這的確是一款非常強烈的產品。

就個人而言，這些酒並不是我的最愛，但不可否認的，許多人都喜歡這些酒，一旦嘗試這種風格，絕對會愛上它──更何況就這款酒而言，如果您到酒廠參訪之後（您實在應該嘗試）。

在諸多不同的酒款中，我要向您推薦「標準」10 年威士忌作為泰斯卡的入門，接下來您可以往 18 年版本邁進（見下一篇文章）。

泰斯卡長久以來一直受到愛好者支持：早在 1880 年，羅伯特・路易・史蒂文森（Robert Louis Stevenson）便將其列為三大「酒中之王」之一；而在他 1930 年出版的高度影響性的開創性著作《威士忌》（*Whisky*）中，阿尼斯・麥克唐納苦於泰斯卡與克萊力士的兩難抉擇中，最終仍選出泰斯卡列入最受矚目的十二款高地威士忌名單。

直到今日，酒廠仍堅持相當傳統的路線，依舊使用木頭蟲池。酒汁蒸餾器的蒸氣導臂（lyne arms）是設計為捕捉初次蒸餾時所產生的蒸氣，以免蒸氣擴散到外部蟲管，然後另外有個小型銅管將捕捉到的蒸氣送回酒汁蒸餾器，以進行第二次蒸餾。泰斯卡以傳統的較高酒精度（這款為 45.8%）裝瓶，增添了品嚐之樂，值得讚賞。

蒸餾過程或許聽起來很複雜，不過確實如此，但整體對風味具有重大的影響，即使您不能完全理解，結果尚須您親自體驗才能完成鑑賞。一經品嚐，永誌不忘。

色澤 Colour 亮金色。

嗅覺 Nose 毋庸置疑的海洋個性，伴有煙燻浪潮。

味覺 Taste 一些意外的甜味，而後出現水果、煙燻與海藻味。有些評論家建議可搭配海顯，牡蠣或煙燻鮭魚皆可。

餘味 Finish 隨著甜味回甘，帶來許多風味，獨特尖銳的胡椒口味。

評鑑 Verdict

83

製造商	蘇格蘭　帝亞吉歐 Diageo
蒸餾廠	蘇格蘭　斯凱島　泰斯卡 Talisker, Skye
遊客中心	有
購買地點	專賣店及一些高階超市
價格	■■□□□

www.malts.com

Talisker
18 Years Old

泰斯卡
18 年

如前所述，我個人發覺這種風格的威士忌相當盛勢凌人。也許適合作為餐後酒，或者是在外面喝，但若未經稀釋便直接飲用，或是安靜「獨酌」時，還是會有些吃不消。我的個人理論認為這裡應有大量的流行元素在作用──但我獨酌的對象是其他酒款更進一步地延伸這個譬喻，無疑地我會走出去，跨步走向不同的曲調。

這又是一款泰斯卡，我從未否定它的偉大。從「標準」10 年份往上走，就會遇到這頭怪獸，它廣受愛好者讚揚，並在世界威士忌大獎中榮獲「2007 年度世界最佳威士忌」。我並不會受到這種大賞光芒影響（無論何種情況它都不是我的個人首選），但在愛好者中卻受到很大的推崇。

提醒您，我曾經在一個知名商家網站上，看到一個消費者貢獻的品鑑記錄：「嚐起來像是在梳頭髮。」這樣的評論可能是第一次有人提出，我還在猜測這個評論想要表達的意思。

帝亞吉歐致力與泰斯卡合作，努力拓展唯一位於斯凱島（Skye）酒廠的獨特風味與特殊地理位置（謠傳有農家競爭者實驗性的計畫，雖然這個主意很美好，但若您問我，我認為完全不可能）。除本文所推薦的 10 年與 18 年版本之外，還有數種價格更加昂貴的特殊版本、限量發行版本與不定期發售的酒廠獨家裝瓶版本，這使得人們跨海前往斯凱島的旅程更加歡悅。

此外，若您在拍賣網站轉售給收藏家，將有可觀的利潤。不過我可不是建議這麼做，您明白的，即使王子的贖金也不賣。

色澤 Colour 較泰斯卡 10 年為深。

嗅覺 Nose 比您所想像的還要更多！更多泥煤！更多煙燻！更多水果！還要多得多！

味覺 Taste 當然有太妃糖、泥煤與木質，巧妙地與柑橘果香、縈繞的甜味呈現良好平衡，培根與柑橘果醬。

餘味 Finish 香氣浪潮退位給泰斯卡註冊商標的胡椒勁道。

評鑑 Verdict

84

製造商	蘇格蘭　格蘭特父子酒業有限公司 William Grant & Sons Distillers Ltd
酒廠	蘇格蘭　班夫郡　達夫頓　格蘭菲迪 Glenfiddich, Dufftown, Banffshire
遊客中心	有，但須事先預約
購買地點	專賣店及一些高階超市 一些高階超市
價格	■■■■□

www.thebalvenie.com

The Balvenie
Port Wood 21 Years Old

百富尼
波特桶 21 年份

百富尼就像是格蘭菲迪的么弟，數年來，百富尼一直很不公平地被掩蓋在其兄長的光環下（剛好兩者廠房的位置也呼應了兩者的地位，百富尼酒廠就位於格蘭菲迪廠區下方）。

然而近幾年，格蘭特父子公司認識到百富尼的品質，因此以更積極的方式推廣，不但將範圍擴大，也釋出不同版本。酒廠獨到地保留了蘇格蘭最後幾家使用地板發麥的廠房，由於特別保留這樣的遊客參觀價值，可以體諒其參訪的收費，直到最近，酒廠才開始對外開放。

現在您卻可以提前預約的方式，以看似昂貴的價格得到參觀機會，相對價格而言，您會認識更多百富尼的製造過程，並品鑑大範圍各種版本的陳年威士忌，極具價值。每日開放參訪人數有限，因此必須事先預約。由於焦點放在威士忌，因此沒有一般酒廠的視覺展示聲光影片（這樣更增添樂趣）。

百富尼的版本範圍與風格多樣，但我的最愛是波特桶 21 年份。有些波特桶款會操作過度，使得威士忌明顯地被換桶工序所破壞。但這款出自大師之手的威士忌卻是例外。細緻的波特紅酒風味，以迷人又誘人的方式，在烈酒質地內在中跳舞。

格蘭特公司的調和大師大衛．斯圖爾特（David Stewart）畢生致力於威士忌產業，備受業內同儕尊敬。對我而言，這款百富尼 21 年威士忌光芒璀璨的成就，完全證明了這位前輩他很高的聲譽。

色澤 Colour 傳出溫暖的飽滿金色。

嗅覺 Nose 葡萄乾與堅果；隨時間接續發展出圓潤的甜味。

味覺 Taste 絲質順滑，酒體飽滿，誘人的波特桶，卻不遮掩底下的烈酒特性。

餘味 Finish 非常良好地徘徊著，持續地提供組成良好的堅果記憶。

評鑑 Verdict

85

製造商	蘇格蘭　格蘭特父子酒業有限公司 William Grant & Sons Distillers Ltd
酒廠	蘇格蘭　班夫郡　達夫頓　格蘭菲迪 Glenfiddich, Dufftown, Banffshire
遊客中心	有，但須事先預約
購買地點	專賣店及一些高階超市
價格	■■■■■

www.thebalvenie.com

The Balvenie 百富尼
30 Years Old 30 年

若您喜歡陳年威士忌，傾向斯佩賽區風格，並且不需要華麗包裝，那麼這款可能是一個很好的選擇。

這款威士忌的蒸餾始於 1970 年代末，恰逢產業過熱的「威士忌湖」時期。下面說給想要知道歷史感的人：當時是個威士忌產量大幅增加，而需求量卻急速下降的時期，結果導致酒廠大規模關廠，隨後一些知名威士忌隨之消逝，如波特艾倫、聖抹大拉（St Magdalene in Linlithgow）等。這段歷史至今仍令人惋惜，留給蘇格蘭威士忌產業永久的傷疤。

然而，儘管受不景氣的經濟大環境影響，但一些審慎經營的私有公司比較不受股市短期的縮減，因此不需像其他上市同業時時恐懼會遭受對手大企業併吞。結果，這些倖存者靜靜地降低庫存、休養生息（盡可能支撐著），因為深知威士忌在長遠的歷史中一向繁榮，因此最後這些精心儲存的少量酒桶終將能成為液體黃金。

現今一些公司流傳著一種現象，發行華麗包裝的無年份標示威士忌，但價格昂貴，爭辯著人們過於重視熟成年份的優點，而調和才是一切——年份少的威士忌具有活力等等。不過，有部分的事實是因為在 1980 中期到末期，威士忌產業急遽削減產量，一些公司根本沒有陳年威士忌可賣——您可說我是憤世嫉俗，但這也解釋了一部分他們如何奇蹟般地轉換到「無年份標示」陣營！

幸運的是，由於格蘭特父子公司的穩步謹慎，我們今日能夠品嚐這一出色熟成的、美好的 47.3%百富尼。預計一瓶將會花費超過 300 英鎊，但物有所值。在品飲之際請勿忘向「獨立精神」致敬！

色澤 Colour 飽滿深金色。
嗅覺 Nose 起初粉質，發展出豐裕的複雜性，帶有蜂蜜調性。
味覺 Taste 乾果、橘皮、香草與聖誕奶油蛋糕的辛香料。
餘味 Finish 尾韻翻滾不已，帶有溫和開展的蜂蜜。

評鑑 Verdict

86

製造商	蘇格蘭　懷特馬凱有限公司 Whyte & Mackay Ltd
酒廠	蘇格蘭　羅斯郡 阿爾尼斯　大摩 Dalmore, Alness, Ross-shire
遊客中心	有
購買地點	全球各地皆有售
價格	■■□□□

www.thedalmore.com

The Dalmore 大摩

12 Years Old 12 年

我覺得自己有些抗拒大摩，因為它有點事故庸俗，宣稱自己是全球最昂貴的麥芽威士忌（他們最近賣掉了最後的「大摩 64 年威士忌 Trinitas」，售價 125000 英鎊，這世界怎麼了？）他們有不少高價奢侈的版本，儘管高價威士忌並不一定是好的威士忌，然而，現在有不少消費者無法辨認價格與威士忌品質之間的關係，因此也造成了威士忌產業持續生產這些「奢華」的產品。畢竟，我們現在有一瓶售價一萬英鎊的威士忌，是因為有人有錢，願意付一萬英鎊來買一瓶。但是，請搞清楚：這些都是虛名，而不是我們都瞭解的「威士忌」這名詞。

大摩努力在經營角力頂級市場這一塊，之前麥卡倫等頂級品牌甚至宣稱其部分產品具有「投資價值」。我覺得這些無異玩火自焚。我看到大摩官方網站使用宣傳口號來描述他們的生產過程，諸如「煉金之術」、「動態蒸餾」，反而令我心生疑慮。如此的行銷方式只會造成與現實市場脫節，更別提可能造成真正關心威士忌者的流失。

還好，雖然大摩的市場行銷人員可能要自食其果，但您不需要：在他們令人停止呼吸的炫惑咒語之下，還有一些真正良好的威士忌。把所有激情放到一旁，除了這款入門級 12 年份版本，不要看其他的。這是雪莉與波本橡木桶以 50 / 50 熟成，具有教科書般的平衡、重量與複雜性標準，物有所值。

您可以等老闆來訪的時候，把這款酒裝入水晶瓶中準備好。

色澤 Colour	怡人而溫暖的金色。
嗅覺 Nose	甜美，呼喚您前來品嚐。
味覺 Taste	良好平衡的雪莉桶，香草；深色柑橘，辛香料與深色水果蛋糕。
餘味 Finish	緩緩消逝，伴有堅果與焦糖暗示。

評鑑 Verdict

87

製造商	蘇格蘭　起瓦士 兄弟有限公司 Chivas Brothers Ltd
酒廠	蘇格蘭　班夫郡　百靈達 洛克格蘭利威 Glenlivet, Ballindalloch, Banffshire
遊客中心	有
購買地點	各種版本各地普遍有售
價格	■■■■□

www.glenlivet.com

The Glenlivet 格蘭利威
21 Years Old Archive 21 年舊藏

格蘭利威在市場中大肆宣傳，自稱「單一麥芽始祖」，然而如同市場宣傳虛虛實實，格蘭利威也一樣，或許有些是事實，但未免過於矯飾。這個口號指的是酒廠創始人喬治．史密斯（George Smith），是 1823 年英國國會法案頒布以來，第一家取得合法執照的酒廠。所以事實如此。不過，自此格蘭利威酒廠的規模開始超乎想像地擴大，生產方式也更多樣。

史密斯的格蘭利威向來是品質代名詞，他們自稱為「唯一的格蘭利威」並不是沒有道理，因此我相信他還是非常驕傲於以這個名字生產威士忌，儘管屬於法國集團，不過我覺得還是仁慈些，不要過度臆測。

格蘭利威以其特有的「鳳梨」調性而著稱，一百多年來備受調和師與評鑑家的高度讚賞。而一些熟成年份久遠的版本，雖然依稀可察覺水果調性，但威士忌已更加豐裕細微。多餘的熟成年份與橡木品質，呈現在深度風味的巧克力、水果蛋糕與乾果中，以及一些動人的複雜辛香料調性，對我來說，這些就是老格蘭利威的指標，真正代表了品質與品飲之滿足感。

我可以很輕易地在此名單中多收錄幾款格蘭利威，但由於普遍容易取得（特別是在美國），因此除了告訴您這是一款絕佳威士忌品牌，還請別因為它無處不在而忽略無視，而留出空間給雖然同樣良好卻隱晦難尋的酒款。

色澤 Colour 淺銅色。
嗅覺 Nose 義式奶酪、熟成李子、深色柑橘與聖誕奶油蛋糕。
味覺 Taste 李子，微妙椰香；酒體飽滿豐裕，水果調性。加水稀釋時緩慢。
餘味 Finish 悠長而翻騰的風味，延長的尾韻控制良好。

評鑑 Verdict

88

製造商	英國　愛丁頓集團 The Edrington Group
酒廠	蘇格蘭　斯佩賽區 露斯　格蘭路思 Glenrothes, Rothe, Speyside
遊客中心	無
購買地點	專賣店及一些高階超市
價格	■■□□□

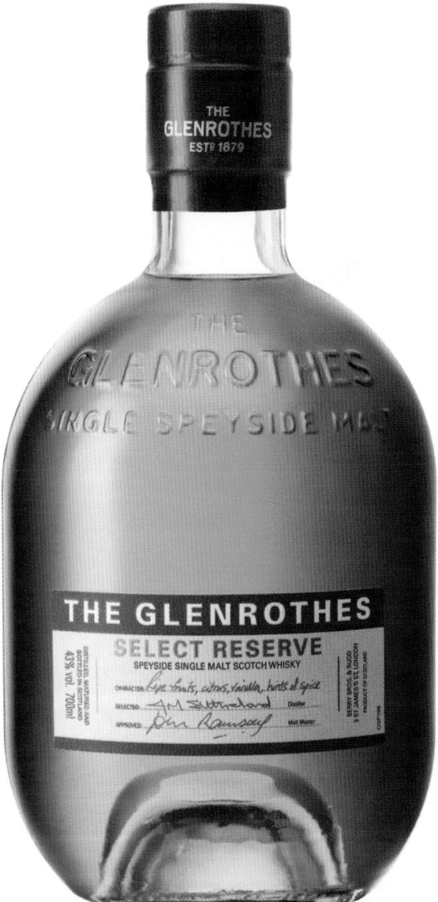

www.theglenrothes.com

Glenrothes 格蘭路思

Select Reserve 珍釀

請勿將這款光芒四射的斯佩賽區單一麥芽威士忌，與單調、市儈的同名法夫郡（Fife）新城區相混淆，兩者絕不相同！實際上，這家酒廠座落於斯佩賽區露斯市（Rothes）主幹道一隅，不過由於沒有任何公開的遊客設施，因此它的地理位置僅具學術意義。這家酒廠為愛丁頓集團所有，但品牌卻屬於倫敦聖詹姆斯街的百利兄弟公司。

多年來，這是一家單純的生產單位，製造品質受人推崇的威士忌，備受調和所推薦：如順風、威雀等，都對格蘭路思相當依賴。事實上，儘管曾經兩度擴大酒廠，但由於需求不斷，因此並沒有可供單一麥芽威士忌的裝瓶銷售。然而，在 1987 年，經營者百利兄弟邁出嘗試性的一步，並於 7 年後開始發行年份經典酒款（對於一家紅酒商來說，可能並非太過激進）。

自此以來，格蘭路思走上成功之路，部分版本的價格飆升。但以初試款來說，您可找到許多劣於格蘭路思珍釀的威士忌，這款酒以無酒齡即裝瓶，完全傳達出其酒廠的特色—熟成水果、柑橘、香草與辛香料暗示－代表著經典斯佩賽區風格。雖然未經熟成，但品嚐此酒的重點在於酒廠始終如一的個性。

格蘭路思與經典的艾雷島風格截然相反，因此若您喜愛煙燻泥煤的威士忌，格蘭路思就不會是您的選擇。相反地，若您尋求一杯溫和、含蓄、耐人尋味的佳飲，請停止觀望，這是一款價格實惠的佳酒。

色澤 Colour 淡金色。

嗅覺 Nose 香草與橡木纏繞，李子與熟成芒果，辛香料暗示，甜味。

味覺 Taste 在口腔內圓潤呈現，平衡與風味良好，風乾水果、柑橘與些微花香。

餘味 Finish 奶油質地的結尾，帶有細微的辛香料調性，直到終了。

評鑑 Verdict

89

製造商	蘇格蘭　高地酒業有限公司 Highland Distillers Ltd
酒廠	蘇格蘭　斯佩賽區　克雷季拉奇　麥卡倫 Macallan, Craigellacchie, Speyside
遊客中心	有，為保證導覽品質，敬請提前預約
購買地點	專賣店與部分高階超市
價格	■■□□□

www.themacallan.com

The Macallan 麥卡倫

Sherry Oak 10 Years Old 經典雪莉桶 10 年

麥卡倫可謂單一麥芽威士忌的先驅，贏得了「單一麥芽中的勞斯萊斯」名號，因此而家喻戶曉，成為餐宴常客，這不是沒有原因的。若您恰巧喜歡這種風格，它是非常、非常好的。

但且慢，您想問，這款威士忌的風格究竟為何？您的疑問我可理解。多年來，麥卡倫由於運用雪莉酒桶進行熟成威士忌的獨特方式，卻在 2004 年 11 月發表了第一款非雪莉酒桶熟成的黃金三桶（Fine Oak）系列威士忌，起初，此舉觸怒了純粹愛好者，但隨之驚人的銷量證明麥卡倫的決策正確無誤。事實上，該酒款可謂史上成長最快速的單一麥芽威士忌之一，因此可見他們的確做對了某些事。近來，由於一切如此順利，麥卡倫重新開放了關閉許久的老酒廠，有一些非常有趣的展示可供您研究。

這款「標準」版經典雪莉桶 10 年威士忌，可以說是雪莉熟成的代表（這是對英國來說，就全球而言則是 12 年為標準版）。麥卡倫不厭其煩地精挑細選熟成所需的雪莉桶，以控制品質，而其豐裕、深邃且飽滿，卻不壓迫的酒體，也顯示了他們的要求。

麥卡倫酒廠十分值得前往遊覽，有令人印象深刻的木桶展示，詳盡描述形成麥卡倫風格的林業知識、製桶與酒窖儲藏操作。今天的麥卡倫版本繁多，限量版本也是琳瑯滿目（有些版本我認為僅為收藏家所發行），但這款經典雪莉桶 10 年威士忌是旗艦產品，算是初識偉大的老麥卡倫品牌的最佳開始，對於建立人們對良好威士忌的認識和欣賞，他們貢獻了許多努力。

色澤 Colour 由於雪莉桶熟成，深邃而自然的色澤。

嗅覺 Nose 甜味、麥芽與太妃糖瞬間釋放。

味覺 Taste 酒體飽滿，但優雅而平衡良好；這是經典雪莉酒尾韻。

餘味 Finish 帶著柑橘調性的甜味穿越而來，煙燻與橡木調性。

評鑑 Verdict

90

製造商	蘇格蘭　高地酒業有限公司 Highland Distillers Ltd
酒廠	蘇格蘭　斯佩賽區　克雷季拉奇　麥卡倫 Macallan, Craigellacchie, Speyside
遊客中心	有，為保證導覽品質，敬請提前預約
購買地點	專賣店與部分高階超市
價格	■■■□□

www.themacallan.com

The Macallan 麥卡倫
Sherry Oak 18 Years Old 經典雪莉桶 18 年

若快速一瞥任何高級零售專賣店的酒架，您一定會確定各種麥卡倫的酒款，令人眼花撩亂。首先，您要清楚自己究竟偏好傳統的雪莉風格，或是較新的黃金三桶，兩者都非常好，但風味卻截然不同。一旦您分辨清楚了，您將會成為在聚會使人猛打哈欠、滔滔不絕的威士忌催眠者。

這是一款麥卡倫原型風格的威士忌－由於雪莉桶熟成的重大影響，雪莉風味在鼻間與口腔久久縈繞。您可以上麥卡倫官方網站查閱一切，或虔敬前往酒廠區參觀他們的現場展示。幾年前，這些老版麥卡倫的品質還參差不齊（我記得曾試過一款 25 年版本，令我渾身顫抖）－前面歷任經營並不注重橡木桶的挑選，今日則不同。

如今，我們可見所有麥卡倫版本都有世界各地熱切消費的擁護者。市場銷售傾向將麥卡倫定位為「奢華指標」，無論那是什麼，在我眼中它一直是一款非常好的威士忌，在一頓大餐後與同道摯友們一同暢飲。即使歡聚之前大家互不相識，相信品飲之後絕對會成為朋友。

然而，請繼續讀下去——許多麥卡倫都值得嘗試並購買，但我們要將超精選版本與包裝華麗的特別版本作一個區隔。這些大多為收藏家或美式足球大聯盟隊員所準備，我們連邊都沾不上，但請別忘記，本書是為了威士忌的愛好者所寫。

色澤 Colour　戲劇性的深色桃花心木－豐裕而深邃。

嗅覺 Nose　慢慢仔細品嚐－非常戲劇性地充滿橡木與皮革風味。

味覺 Taste　強力的雪莉衝擊，紅酒調性，一些煙燻、香草軟糖與層層辛香料，傳出老英格蘭柑橘果醬與乾果風味。

餘味 Finish　非常圓潤而悠久，帶有些許煙燻暗示和經典奶油蛋糕調性。

評鑑 Verdict

91

製造商	蘇格蘭　高地酒業 有限公司 Highland Distillers Ltd
酒廠	蘇格蘭　斯佩賽區　克雷 季拉奇　麥卡倫 Macallan, Craigellacchie, Speyside
遊客中心	有，為保證導覽品質， 敬請提前預約
購買地點	專賣店
價格	■■■■■

www.themacallan.com

The Macallan 麥卡倫

Fine Oak 30 Years Old 黃金三桶 30 年

這是我們與麥卡倫的最後一篇，這款威士忌是我在黃金三桶系列所選出的代表。也許從經濟角度上來看，從同系列的 10 年小弟（售價僅為此款的十分之一）或傑出的 15 年入手，價格更易於接受，但您絕不會後悔在這款 30 年美酒上砸大錢。

有件事要注意，這款威士忌的色澤比實際上要輕淡得多，會在口腔裡歡騰跳躍，若加水調和則有更多風味。感覺上似乎有點奇怪（我這麼覺得，所以另找了一天用另一瓶作測試，但結果相同），我卻非常滿意。這款威士忌非常清楚地呈現出麥卡倫的基本精神和品質，卻不帶有平時的雪莉風格。

這款酒有許多酒體，帶有複雜的太妃糖、香草，與層層堆疊的木質、辛香料。它的確需要您這邊的一些專心和努力，但您的努力將會得到代價，彷彿走進一片身歷其境的橡樹林中，卻不會感到壓迫或是過於強烈，這就是這款威士忌絕妙的魅力。酒商將之描述為「豐裕、誘惑，一頭栽進香氣的鼻子——令人回憶起一片柑橘林」。雖然此酒帶有一些甜味，但我認為 21 年份或是非常昂貴的 1824，柑橘調性則更多，或是。

無論如何，當您取出這款酒時，對於您所款待的對象，請多加留心。由於太過易於入口，一時容易令人忘記價格（在英國每瓶超過 300 英鎊，相信會讓您冷靜一些）。

在此價格區間，我不能推薦太多威士忌，但這款黃金三桶 30 年實在令人難以抗拒。

色澤 Colour　與同級威士忌相比色澤明顯較淺，引人矚目的金色偏黃。

嗅覺 Nose　太妃糖、香草、橡木與些許煙燻暗示。

味覺 Taste　超乎想像的複雜，富裕而包覆口腔；黑櫻桃。加水更顯生動。

餘味 Finish　相當奶油質地，柔軟而縈繞，層次豐富，質感高雅。

評鑑 Verdict

92

製造商	英國　紅酒協會 The Wine Society
酒廠	無：調和威士忌
遊客中心	無
購買地點	紅酒協會會員店以及網站
價格	■□□□□□

www.thewinesociecy.com

The Wine Society 紅酒協會

Special Highland Blend 高地特調

請注意──這是一款認真、受到低估、知名度低又質優價廉的威士忌。但若想品嚐，首先您必須加入英國紅酒協會。曾經要加入這個協會，您必須是上流社會的一份子，例如將您的孩子送到伊頓（Eton）公學讀書，受選成為馬利邦板球俱樂部（MCC）會員，或是從詹姆斯普迪父子公司（Purdeys）訂購獵槍等等。不過這種情形不再，由於協會經過民主化，您現在只要透過網路便可輕鬆加入該協會（儘管該協會的標誌在一些適合表現聰明的晚宴上，仍然低調地具有作用）。

很明顯地，紅酒協會自然是以銷售紅酒為主（而且品質絕佳），但這款威士忌好酒則是隱藏酒單。紅酒協會多年以來一直有專屬的調和威士忌，他們將新酒裝入雪莉桶，等待非凡的 14 年，直到完成。近年來愛丁頓調和大師約翰．蘭森主管調和，由於最近大師退休，但以預先做好審慎充足的庫存，因此預計品質依然可以維持數年的時間。這種情況唯有私人組織可以辦到。

這款單一麥芽調和威士忌，酒精含量為 40%，以醇美、肉質而酒體飽滿的斯佩賽區莫拉克的威士忌為中心。雖然這不是他們所擁有的愛丁頓酒廠產品，但多年來已存在協會的高地特調中。協會堅持拒絕使用焦糖為威士忌上色，但儘管有高地之名，我仍從調和中探測到幾分艾雷島風味──或者也許是強大的泰斯卡。此外，酒標上繪有斯凱島上雄偉的鄧韋根城堡（Dunvegan Castle），以紀念協會偉大的首任主席麥克勞德（The Macleod of Macleod）。

無論調和配方如何，您都可以盡情享受這款審慎的時尚酒款，它低調而圓潤，品質傑出，而協會其他不公開發行的威士忌也值得探索。

色澤 Colour　中金色。

嗅覺 Nose　明顯雪莉影響，表現出年份，後面傳出煙燻味。

味覺 Taste　酒體非常飽滿，一個強大「堅實」的威士忌，在酒精含量 40%下，肉質與油質相當。

餘味 Finish　低迴的甜味，與消退的煙燻持續纏繞。

評鑑 Verdict

93

製造商	蘇格蘭　康沛勃克司威士忌公司 Compass Box Whisky Company
酒廠	無：調和威士忌
遊客中心	無
購買地點	專賣店
價格	■■□□□

www.compassboxwhisky.com

The Spice Tree 香料樹

這是一款有些爭議的威士忌。香料樹最初的版本使用新的橡木棒插入橡木桶來促進威士忌熟成，原因過於神秘而冗長，因此在此略去不說，然而此舉卻激怒了蘇格蘭威士忌協會，協會警告康沛勃克司，若不停止此措施，將採取法律行動。因此，儘管威士忌的銷量與速度空前，但康沛勃克司不願再冒著風險繼續這樣的生產方式。

然而，他們並沒有完全被嚇倒，在接下來的三年中，他們一直在尋找一個既不違反規範，又能達到相同結果的方法。於是，這款酒就是他們找到解決方案的結果。他們不再把促進熟成的橡木棒插入橡木桶，而是將橡木桶經過重度烤焦處理，並讓熟成期延長兩年（詳細過程在康沛勃克司官網上有清楚的介紹）。

蘇格蘭威士忌協會反對的理由究竟什麼，並沒有立即的證據，除了他們堅持過程不符合「傳統」，於是掀起了一場大爭論，許多評鑑者（包括我）紛紛提議協會對於「傳統」的解釋變動不明，因此造成了一個結果，由於創新改革具有風險而躊躇不前。目前包括羅蒙湖、布魯萊迪與康沛勃克司等不同風格的製造商，均因對蘇格蘭威士忌的規範解讀不同，而與蘇格蘭威士忌協會出現問題，但截至目前為止完全沒有任何作用。

然而，這款威士忌似乎甚得大人們的歡迎，因此我們自然也可以無須擔心地享用。這是一款調和式單一麥芽，主要來自克萊力士酒廠，裝瓶酒精度為 46%，色澤自然，未經冷凝過濾。以康沛勃克司的標準來看，這款香料樹並不算特別昂貴，可供您啜飲消磨，因此一瓶可以維持較久的時間。

色澤 Colour 琥珀色。
嗅覺 Nose 花香甚多，然後是辛辣。葡萄乾、堅果與玫瑰水。
味覺 Taste 全麥麵包、深色柑橘果醬與紅糖。鮮明辛香料與木質調性，強烈狂放的威士忌，宜輕嘗慢品。杏仁。
餘味 Finish 複雜而有層次。隨著辛香料與飽滿酒體的甜美香草漸漸增強，最後在澎湃中漸漸消退。

評鑑 Verdict

94

製造商	愛爾蘭　庫里酒廠 股份有限公司 Cooley, Distillery PLC
酒廠	愛爾蘭　鄧多克 里弗斯頓　庫利 Cooley, Riverstown, Dundalk, Irland
遊客中心	有，需提前預約
購買地點	專賣店
價格	■■□□□

www.tyronnellwhiskey.com

The Tyrconnell　蒂爾康奈

堅持獨立自主的庫里酒廠（Cooley Distillery），由於開創性的努力，贏得 2008 年度世界蒸餾大獎（World Distiller），並於 2009 年在 IWSC 國際紅酒與烈酒競賽中一舉囊括 10 面金牌（2008 年已拿過 9 金）。

更令人驚訝不已的是，酒廠原先是一家馬鈴薯酒精廠，1987 年經企業家約翰．特林（John Teeling）買下，約三百名股東共同持有。經過兩年的努力打造，庫里酒廠於 1989 年開始首次裝桶。

然而蒂爾康奈品牌卻有著更為悠久的歷史，並且一度還是愛爾蘭最為知名的威士忌之一。公司聲稱，在禁酒時期之前，蒂爾康奈曾經是美國銷量最高的愛爾蘭威士忌，這一點紐約洋基體育館廣告牌上面的蒂爾康奈廣告便是鐵證。而該品牌的名字則很可能源自於 1876 年愛爾蘭傳統賽馬大賽（National Breeders' Produce Stakes），從數百匹競爭賽馬中脫穎而出的冠軍，屬於瓦特酒商家族（Watts）的蒂爾康奈。在成功的喜悅中，瓦特家族推出了一款威士忌，這個引人入勝的故事解釋了燦爛的酒標所要傳達當時歡慶的感覺，因此也就難免忽略上面 1762 的年份標誌究竟意義為何。

這款威士忌已成為庫利的主要銷量，並且在現今經過擴大生產規模之後，更擴展了熟成年份，不同熟成方式，甚至一些單桶品項，實為上上之選。但由於這些僅在有限的銷售點發行，難以購得。因此，相較之下，較為常見的標準未標年份的單一麥芽則較易購得。由於我被稱為威士忌大家，所以我要建議，如果這款威士忌酒精含量能夠提高到 46%，而且改變成非冷凝過濾處理，就會更加完美。不過即便如此，此酒仍然是愛爾蘭蒸餾界的絕佳代表，為獨立經營者樹立了典範。

色澤 Colour　色澤清淺。受波本桶熟成作用。
嗅覺 Nose　柑橘香與辛香料。乾淨，引人入勝。
味覺 Taste　一些蜂蜜，酒體中令人同意的油質，出現柑橘氣息，辛香料。中度酒體。
餘味 Finish　各種風味令人同意，主要特色恰當地呈現。

評鑑 Verdict

95

製造商	英國　英商邦史都華酒業有限公司 Burn Stewart Distillers Ltd
酒廠	英國　馬爾　托本莫瑞 Tobermory, Mull
遊客中心	有，需提前預約
購買地點	專賣店
價格	■■■□□

www.tobermorymalt.com

Tobermory　托本莫瑞

15 Years Old　15 年

關於托本莫瑞酒廠，不可否認地有許多浪漫的想法，例如，它座落在一座島嶼上。而且，為了生存，這個小廠曾在艱難險阻中求生——該廠建於 1798 年（巴納德〔Barnard〕則稱 1823 年），但在 1800 年代中期與 1930 年代兩度「關廠」。在 1970 年代，兩度活躍起來崛起，廠房卻又面臨擴充危機，直到 1993 年轉投英商邦史都華旗下才解除危機。因此不免令人期盼能有個成功的結局。

這款酒有托本莫瑞與里爵（Ledaig）兩種酒名的行銷方式，對於它，人們可以說的最仁慈好話， 就是風味可有不同變化。老實說，如果把詩句加以解釋，好就是還可以，壞就是很糟糕，我個人就曾經受過這個酒廠幾次驚嚇。然而，現在終於有一些好消息了。

目前所發行的托本莫瑞威士忌，由信守承諾的長期經營者把關蒸餾過程，並且在邦史都華信守傳統的狂熱主義調和大師伊恩．麥克米蘭（Ian McMillan）指導下生產，使得托本莫瑞的品質大為提昇。

現在，這種品質的改善最能在這款 15 年中表露無遺（恰巧在 2010 的 16 年前，該品牌正經歷換手交替），非常得力於伊恩．麥克米蘭的創造力。酒桶主要儲藏在布納哈本，每年再經大師之手挑選出最好的。這些酒會重新被注入岡薩雷斯．比亞斯（Gonzalez Byass）雪莉酒桶，運送到穆爾（Mull）進行為期一年的進一步熟成（這是由於庫房空間有限）再裝瓶。自然未經冷凝過濾，酒精含量 46.3%，大量油質滑膩的口感。

麥克米蘭的市場團隊進一步將行銷升級，改用較好的瓶子，華麗的包裝，以及一個有趣網站，因此，故事終於有了完美結局。現在，趕快行動吧！

色澤 Colour　豐富的深金色。
嗅覺 Nose　大量雪莉衝擊，深色柑橘醬，一些煙燻氣息。
味覺 Taste　中等酒體。水果蛋糕、巧克力、香草太妃糖，輕微橡木與些許辛香料調性。
餘味 Finish　堅果、辛香料與鹽。

評鑑 Verdict

96

製造商	美國　薩澤拉克公司 受范·溫克父子公司 委託生產 The Sazerac Company for J P Van Winkle & Son
酒廠	美國　肯德基州　富蘭克林郡　水牛足跡 Buffalo Trace, Franklin County, Kentucky
遊客中心	有，但請記住，這是水牛足跡酒廠，因此導覽內容的設計也以水牛足跡為主
購買地點	市面罕見，需耐心搜尋
價格	■■■□□

www.oldripvanwinkle.com

Van Winkle 范・溫克

Family Reserve Rye 家族典藏裸麥

裸麥？為什麼？您可能在看到這篇文章時心生疑惑，您甚至可能以為范・溫克是哪個行銷經紀公司捏造出來的。

錯錯錯。裸麥一直是威士忌的秘密——一種不死的風格。如同《國際先鋒論壇報》（*International Herald Tribune*）表示，「偉大的裸麥威士忌是世人所遺忘的偉大烈酒，它與眾不同、深邃複雜又美味。帶來與其他威士忌不同、更加觸覺的歡悅」。

范・溫克公司的歷史可以追溯到1800年代晚期（因此造就了他們成為美式威士忌中的貴族）。朱利安・范・溫克（Julian P. "Pappy" Van Winkle）當時是韋勒父子公司（W. L. Weller）位於路易斯維爾批發倉庫的旅行推銷員，經常披星戴月地乘著馬車，載著樣品在全美各地奔走。

經過複雜的歷史（由於本文空間不足，有興趣者不妨自行查閱），品牌傳到了朱利安・范・溫克三世與其子普利司頓（Preston，他的名字真可惜）手中。與他們其他許多優質威士忌相同，主要是柔軟、滑順的麥香波本威士忌，都產自路易斯維爾附近的水牛足跡酒廠。

這款熟成13年的裸麥威士忌與眾不同。通常裸麥的熟成時間不長，結果產生令人欣喜的複雜烈酒，並且魅惑了許多資深的鑑賞者。保羅・帕庫爾特（Paul Pacult）給予五顆星的最高評價。請買一瓶回來，品味美式原味威士忌。

裸麥威士忌很可能由美國國父喬治・華盛頓所創，也是1794年威士忌酒叛亂（Whisky Rebellion）的主要原因——若您也認為威士忌值得您奮戰到底，您自然會排除萬難買下一瓶。

色澤 Colour 豐裕而溫暖，銅質光澤閃耀。

嗅覺 Nose 焦糖與辛香料，鼻子充滿草本植物香氣。

味覺 Taste 入口立即甜味，帶著太妃糖與皮革。熟成的水果（Rancio）。發展出胡椒與乾燥辛香料調性。

餘味 Finish 感果強調久的複雜性，富裕強烈的威士忌在欣喜中消退。

評鑑 Verdict

97

製造商	義大利　金巴利集團 奧斯汀　尼古拉斯酒業公司 Austin, Nichols Distilling Co. （Campari Group）
酒廠	美國　肯德基州 勞倫斯堡　野火雞 Wild Turkey, Lawrenceburg, Kentucky
遊客中心	有
購買地點	專賣店
價格	■■■□□

www.wildturkeybourbon.com

Wild Turkey 野火雞
Rare Breed 稀有珍品

市面上有數種野火雞的不同版本——包括 8 年標準版，幾種長年份款項，一種裸麥，以及以傳奇蒸餾大師吉米・拉塞爾（Jimmy Russell）命名的拉塞爾典藏（Russell Reserve），甚至還有一款蜂蜜甜酒（Honey Liqueur，附贈豔俗的「美國甜心」月曆，想必富有創意的團隊經常在 Hooters 餐廳吃飯，他們都深信這家餐廳是高級上流的餐飲），大體上這些產品都很不錯（除了月曆以外），不過我建議您該嘗試的是這款野火雞稀有珍品，這是一款小批量生產的肯德基州純波本威士忌（Kentucky Straight Bourbon Whiskey），調和酒種選擇熟成期 6 年～12 年，裝瓶時未經稀釋，酒精含量為 54.1%。

此酒廠幾經轉手，最近一次則由保樂力加售出，以籌措現金購買絕對伏特加（Absolut Vodka）。現在該廠為義大利金巴利集團所有（他們同時擁有蘇格蘭的格蘭冠）。在撰寫本書時，該集團並未明確籌劃這個品牌的發展計畫，但我想他們不會根本改變一款備受喜愛，在流行文化界享有高知名度的指標性波本威士忌。酒廠提供遊客導覽服務。

由於這款威士忌強烈的勁道，不妨加水稀釋，這樣可以打開更加細緻的香氣，但加水不要過量，畢竟這是一款適合細細品味的酒，在漫漫長夜裡沉思時的良伴。不妨閱讀一下隨瓶附贈的小冊子，考慮是否加入稀有珍品協會。

雖然這是一種收集客戶個人資料的行銷手段，但起碼加入其中可以假裝自己是特權階級的一份子，偶而還「分享吉米・拉塞爾所深愛的波本威士忌之製造與評鑑」歡呼吧！

色澤 Colour 溫暖紅色至琥珀色。
嗅覺 Nose 起始酒勁強烈，接著傳出莓果、香草與太妃糖香氣。
味覺 Taste 焦糖、玉米、甘草、一些柑橘調性與新鮮紅蘋果。
餘味 Finish 高度複雜而富有層次，最後臨門一腳。

評鑑 Verdict

98

製造商	美國　布朗福曼公司 Brown-Forman Corporation
酒廠	美國　肯德基州 凡爾賽　渥福精選 Woodford Reserve, Versailles, Kentucky
遊客中心	有
購買地點	專賣店及部分超市
價格	■■□□□

www.woodreserve.com

Woodford Reserve　渥福精選

當諸位問路時，千萬不要帶著歐洲腔調（如我曾經所犯過的錯誤），下場只會讓當地人給白眼，指正是「Versale」而不是「Versailles」！但到達酒廠後，您多少會發現這家廠房還是帶有歐式風格——特別是蒸餾室。

渥福精選用來蒸餾的罐式蒸餾器，是在蘇格蘭羅斯郡所製，然後一位蘇格蘭蒸餾商帶著它遠渡重洋來到美國肯德基州，教導當地民眾如何使用。

基本上，小批波本威士忌是美國人因應蘇格蘭單一麥芽威士忌所產生的現象，企圖一改大眾對於波本威士忌的藍領刻板印象，希望再造流行風潮。這個策略成功了，渥福精選是首款證明其可為的波本威士忌。

母公司布朗福曼集團（Brown-Forman Corporation，同時也擁有傑克．丹尼爾〔JackDaniel〕品牌），斥資 1400 萬美元重整自 1941 年起，已有 30 多年歷史的雷柏格拉哈姆（Labrot & Graham）老酒廠。他們在 1971 年把酒廠賣出，又在 1994 年購回，將它轉型成為一個樣板，賦予嶄新的渥福精選來行銷。

起初渥福的產品簡直是另一個布朗福曼品牌——老福斯特的翻版（也值得嘗試），但今日你淺嚐一口這支產品，你可以喝到真正的好東西。

這家酒廠是他們的驕傲，屬於美國少見的高級手工訂製風格，擁有一家精美的遊客中心，他們強調自家的石灰岩泉水，絲柏木發酵器，小罐蒸餾以及石屋酒窖。這些一起造就了肯德基州的經典，愛好者眾多。

色澤 Colour　深邃蜂蜜。
嗅覺 Nose　香草甜味，蜂蜜，新鮮水果與巧克力暗示。
味覺 Taste　富裕溫暖，層次豐富的薄荷、煙草、皮革與水果。柔滑，酒體飽滿，對歐洲的品嚐者來說較偏甜。
餘味 Finish　柔滑溫暖，悠長而平衡。

評鑑 Verdict

99

製造商	日本　三得利 Suntory
酒廠	日本　本州島　大阪附近 山崎 Yamazaki, near Osaka
遊客中心	有一被譽為世界最佳蒸餾廠之一，並擁有一家美侖美奐的威士忌博物館
購買地點	專賣店的品質最佳，部分超市的熟成年份可能較短
價格	■■□□□

www.theyamazaki.jp

Yamazaki 山崎
12 Years Old 12 年

蘇格蘭請小心！是時候該清醒了！

過去蘇格蘭對日本威士忌充滿了偏見，在一份 1951 年蘇格蘭威士忌協會的報導中：「日本那些傢伙幾年前侵入我們的地盤，不僅抄襲我們的廠房，還僱用了我們斯佩賽區的人才。儘管他們生產了模擬版的斯佩賽區威士忌，可是品質不好，根本不值得一嚐。」

即使到今天，這種優越的態度仍未滅絕。對於依然存在這種觀念的人，我想說，「請看看英國的汽車工業，您還不擔心害怕嗎？」

事實上，日本威士忌的品質已非常精良，並且非常日式風味。他們刻苦、耐勞、創新的經營著，極度注重品質，的確複製了蘇格蘭工藝中的精華，但他們也依照日本的條件而改變並提升。結果造就日本威士忌屢屢獲獎，進步神速。從 2004 年至 2007 年，短短四年間，山崎威士忌的歐洲銷售量成為 23 倍。從很小的銷售量開始成長，但他們的確不容小覷。事實上，我們應該對這樣的威士忌歡呼喝彩。

山崎是日本單一麥芽酒廠的創始者，1923 年創建於三道河流匯合的著名水源地。酒廠雲霧籠罩，隱身於竹林中。由於日本酒廠慣於不去使用其他競爭對手的威士忌作原料，因此山崎酒廠具有各式各樣的蒸餾設備，以自行蒸餾出不同風格的威士忌。

請嘗試任何您可以找到的山崎威士忌酒款，儘管本書還列有其他日本威士忌，但此品牌是最愛，同時對於開始探索一個新的威士忌世界來說，這會是一個美好價值的開始。

色澤 Colour 金黃色。
嗅覺 Nose 香草、丁香與義式糕點（panettone）。
味覺 Taste 中度酒體，甜味，辛香料。蜂蜜與檸檬。乾果。木質。
餘味 Finish 乾澀辛辣。

評鑑 Verdict

100

製造商	日本　三得利 Suntory
酒廠	日本　本州島　大阪附近 山崎 Yamazaki, near Osaka
遊客中心	有，被譽為世界最佳蒸餾廠之一，並擁有一家美侖美奐的威士忌博物館
購買地點	專賣店的品質最佳，部分超市的熟成年份可能較短
價格	■■■□□

www.theyamazaki.jp

Yamazaki 山崎

18 Years Old 18 年

1923 年，三得利創始人、日本威士忌先鋒達人鳥井信治郎（Shinjiro Torii）在山崎河谷創建了日本第一座麥芽威士忌酒廠。山崎是第一家在蘇格蘭地區以外使用銅製罐式蒸餾器的酒廠。由於地處日本古都京都市郊，盡享優越的地理位置，由於水源潔淨、四季分明、空氣濕度高，是優質威士忌熟成的理想地點。今日，三得利的山崎已是日本最為著名的單一麥芽威士忌品牌，為全球超過 25 個國家的鑑賞家所喜愛。山崎酒廠的遊客中心也受到遊客喜愛，每年接待十萬人次的遊客，做長達 90 分鐘的免費導覽。

在英國想要找到山崎老版本相對比較容易。若您喜歡它的口感，還可以繼續嘗試更多限量版與特別發售版本（但是更難找到，價格也更加昂貴）。與相對輕盈的 12 年相比，多出的熟成年份相當顯著地賦予了 18 年更加深邃非凡的風味，但不會覺得過於老化。無論從任何標準來評價，這都是一款令人愉悅且印象深刻的威士忌。

三得利在英國擁有莫里森·波摩（Morrison Bowmore），因此廣泛打通了大型超市、專賣店與威士忌酒吧的通路。與同類酒款相較，非常活躍，這款山崎 18 年還在國際紅酒與烈酒競賽（IWSC）、舊金山世界烈酒大賽（SFWSC）與酒類品評協會（Beverage Tasting Institute）中囊獲各種重要獎項。

色澤 Colour 銅金色。

嗅覺 Nose 黑櫻桃似乎是山崎的註冊商標，伴有一些橡木，雪莉，年份感顯著。

味覺 Taste 比 12 年口感更飽滿。太妃糖。泥土味，塵土味，深根的——木質的，雄性的男子氣概，但與我們慣常的香味不同。乾果、苔蘚與樹皮。

餘味 Finish 令人滿意的悠長持久。有些品鑑者感覺帶有石榴香，但是我並未嚐出。

評鑑 Verdict

101

製造商	日本　Nikka Nikka
酒廠	日本　北海道 余市 Yoichi, Hokkaido, Japan
遊客中心	有
購買地點	專賣店
價格	■■■□□

www.nikka.com

Yoichi 余市
10 Years Old 10 年

這是一款具有精彩故事的威士忌，足以擔當「一生必嚐的101款威士忌」壓軸的重責大任。

竹鶴公司於1934年7月由竹鶴政孝（Masataka Taketsuru）所創立。他在日本余市河邊看中了一大片開墾用地，認為很適合蒸餾蘇格蘭式威士忌，於是就將地買了下來。他一直擁有製造蘇格蘭式威士忌的夢想，在1918年至1920年之間還到蘇格蘭學習蒸餾技術，還因此結識了蘇格蘭女孩麗塔・科萬（Rita Cowan）並結婚。1920年，竹鶴回到日本，協助創設了山崎酒廠。

竹鶴政孝一直懷抱著在日本建立並運作自己酒廠的夢想，終於在不懈的努力下達成，因此被尊稱為「日本威士忌之父」。今日的余市屬於朝日啤酒（Asahi Breweries）旗下，但保存了使用直火蒸餾與蟲管濃縮技術來蒸餾傳統威士忌。由於日本人的創新求變，酒廠能夠變化製造各種風格的產品，因此不需要從外界引入調和的原料，所有的威士忌都自行生產。

竹鶴政孝經營公司時正逢二次大戰期間，經歷與朝日合併，以及1969年仙台酒廠的建立。1979年，這位備受尊敬的日本威士忌之父逝世，享年85歲。1989年，Nikka收購蘇格蘭威廉堡（Fort William）的本・尼維斯（Ben Nevis）酒廠，重新開始了蒸餾運作，在日本與蘇格蘭的威士忌發展史上，為竹鶴政孝一生的貢獻畫下了完美的結局。

余市在英國流通有各種版本，但最常見的就是這一款余市10年。市面上許多以Nikka為名的調和麥芽威士忌中也含有這款佳釀，例如黑Nikka（Nikka Black）與竹鶴純麥（Nikka Taketsuru pure malts）。這些都是很好的選擇。當您飲用這款威士忌時，別忘了舉杯為這位努力奮鬥一生的先驅致敬。

色澤 Colour 深銅金色。

嗅覺 Nose 大膽直率，明顯泥煤味，輕微柑橘調性。

味覺 Taste 薄荷巧克力與橘子油。奶油質地的口感，細緻的泥煤煙燻。

餘味 Finish 甜味，泥煤，偶而傳出變幻的消毒藥水味。

評鑑 Verdict

如何品飲威士忌，以及使用本書的方法

品飲威士忌－無論任何一款－都是直覺的享受。在您細細品飲時，不妨參考下面的簡單規則，幫助您領略威士忌之樂。

1. 使用正確的杯子。用咖啡杯就沒希望了。你需要準備一隻 Glencairn 水晶威士忌杯（Glencairn Crystal 可在官網購買 www.glencairn.com.uk）。如果買不到或手邊沒有，也可以用雪莉酒杯或白蘭地酒杯，以凝聚威士忌中的揮發香氣，幫助您嗅聞威士忌。
2. 將您品嚐到的香氣，試著用實際的物品描述出來。例如新割草地的氣息，香草口味的太妃糖，或是濃郁的奶油水果蛋糕。
3. 加一點水。這樣可以幫助酒液伸展，也可以防止你的舌蕾被酒精麻痺。
4. 讓威士忌在您口中翻動，就好像您正在「嚼食」一樣。這樣可以幫助釋出威士忌的風味。經過多年熟成，因此需要幾秒鐘的伸展，這麼做您將會得到回報。
5. 最後，思考一下酒的餘味和後勁。感覺綿綿不絕嗎？是否出現了什麼新的風味？

放鬆心情，多練習幾次，您很快就能領略威士忌的獨特豐富性。

想像您即將啟程前往一個陌生的國度旅遊，就把這本書當作是旅遊指南，向您指出未知的旅遊景點，或是可能錯過的美景。我並不認為自己知道所有的答案，我也不知道您喜歡的威士忌是什麼，我也沒有理由會認為您所喜愛的威士忌會和我相同。這就是為何本書裡沒有評分，但我向您保證，每款收入此書中的威士忌都有其理由，無論是好或絕妙，都是一時之選。

因此，敬請諸位讀者儘量品嚐這 101 款威士忌，在您的一生中。

致謝

在我撰寫這本書的期間，我的妻子琳賽（Lindsay）展現了無與倫比的耐心，容忍我的固執脾氣、心不在焉。我希望她現在已經可以習慣這些困擾了。我有點擔心，因為她說她其實覺得沒什麼差別。無論如何，她是我所最要感謝的人。

我的經紀人朱蒂（Judy Moir），從一開始就相信這本書會成功，永遠用積極正向的態度面對我，幫助我、鼓勵我。朱蒂的先生尼維爾（Neville）也多所助益，他知道我的意思。感謝他們倆位。還有出版社的鮑伯（Bob McDevitt）先生，他充滿了熱情，支持著我。喬（Jo Robert-Miller）傑出的編輯作業，用雙倍的心力完成工作。

在美好的威士忌業界，我莽撞輕率地向大家徵詢「夢幻之選」的前三名，而沒有告知我作市調的目的。我所徵詢的對象，包括蒸餾廠人員、調和大師、威士忌作家、銷售商、品牌總監、遊客中心導覽人員等等。只要能夠對威士忌有其見解，我都願意傾聽高見。我這麼做，最主要的目的，就是不希望錯過任何一款威士忌。他們的飽學根基，開啟了我的視野，避免許多遺珠之憾。

推薦書籍與參考資料

參考書籍

市面上有非常多關於威士忌的書籍與網站，可以說是太多了。在此我只提供讀者幾本挑選出來的參考書籍，我選這些書的理由，就像挑選本書中的威士忌一樣，是希望指引您一些方向，您可以自行選擇追逐知識。

第一本關於威士忌的現代書籍，我要推薦的是阿尼斯・麥克唐納所寫的《威士忌》（*Whisky* by Aeneas MacDonald），這本威士忌經典書在2006年重新編印發行。儘管最初發行是在1930年，但這本書可讀性很高，詩句般的描述著蘇格蘭的威士忌，直到今日依然令人感覺鮮明生動。

接下來是一本關於蘇格蘭威士忌歷史的書，《蘇格蘭威士忌的製造史》由麥可・摩斯與約翰・荷姆（*The Making of Stoch Whisky* by Micheal Moss and John Hume），不過讀起來有些部分略顯乾澀也難免過時。比較起來，查爾斯・麥克連的《蘇格蘭威士忌——酒的歷史》（*Stoch Whisky – A Liquid History* by Charles Maclean）則容易閱讀多了。每一本查爾斯著作的書都值得閱讀。

蓋文・史密斯（Gavin D. Smith）對於業界人物瞭解甚深，他的《威士忌人物》（*The Whisky People*）必讀。想要知道威士忌的品味鑑賞，不可錯過大衛・魏許雅的《威士忌評鑑》（*Whisky Classified* by David Wishart）。

對於日本威士忌，英文著作並不多，較權威的可以參考爾福・巴克斯魯德的《日本威士忌：事實、數據與風味》（*Japanese Whisky: Facts, Figues and Taste*），書中內容確如書名所言。我還沒有發現關於美國威士忌的好書，還有愛爾蘭威士忌的確也急需一本關於近期資訊的書。

對於全世界威士忌的愛好者來說，可以閱讀這本普遍的通論書《世界的威士忌》（*World Whisky* by Charles Maclean）本人忝為其中的論述文筆之一。已逝威士忌大師麥可・傑克森的《麥芽威士忌品飲事典》（*Malt Whisky Companion* by Michael Jackson）由多米尼克・羅斯羅（Dominic Roskrow）與蓋文・史密斯嘔心瀝血共同重新編製完成。有人覺得金・莫瑞（Jim Murray）的年度《威士忌聖經》（*Whisky Bible*）很有用，內容包羅萬象。

《麥芽威士忌年書》（*Malt Whisky Yearbook*）年年翻新，除了單一麥芽還包括其他類別的威士忌。這是一本價值連城的指南書，準確度高，普遍化，資訊經過最新的更新，對於我最感興趣的酒廠訊息諸多著墨，也推薦同好者一讀。

至於眾多英文雜誌類，或許最好的是英國《威士忌雜誌》（*Whisky Magazine*, UK），在美國則可選擇同為代表的《威士忌擁護者》（*Whisky Advocate*）。

網站

從驚人豐富的網站到貧瘠的網站，從權威可靠的見解到古怪奇特的觀點，您可發現成千上萬關於威士忌的網站。部落客憑著一廂熱情，來來去去，留下各式各樣的參考資訊。而各大品牌幾乎都有官方宣傳網站，只要小心廣告宣傳的文字，您也可以得到不少有用的訊息。

由於網站的特色就是要快速有效率，因此我在此所建議的網站或許可能要注意在訊息上的更新。但我個人認為這些都是很好的參考網站，我自己也經常查閱這些資料。遺珠之憾在所難免，先向大家致歉。只要在網路上搜尋威士忌三個字，相信大家都能找到不可計數的威士忌網站。在此祝福您！

www.irelandwhiskeytrail.com（網站內容正如其名）

www.maltmadness.com（值得多花時間慢慢閱讀）

www.maltmaniacs.org（我真無法想像他們花了多少時間心力去維護這個網站！）

www.nonjatta.blogspot.com（來自日本的威士忌一手資料）

www.ralfy.com（這個網站太有趣了）

www.whiskycast.com（權威的威士忌訊息）

www.whiskyfun.com（單一麥芽威士忌，音樂，享受生命吧！）

www.whiskyintelligence.com（業界新聞，媒體報導，出版資料）

www.whisky-pages.com（蓋文．史密斯的官網，有他的一手評鑑心得）

購買地點與網購資訊

現在全世界各地都有許多酒類許可專賣店，有些甚至專賣威士忌，其中有非常多傑出店家具有知識淵博而熱情的員工。無論在瑞士、新加坡、紐西蘭、美國，我都遇過非常好的商店。由於威士忌銷售量日益增加，新的店家如雨後春筍般出現，提供各種令人心炫神迷的佳釀。在我努力保持理智的思考下，在這兒我要推薦的是英國的威士忌專門商家，他們人人具有優秀的專業知識，寵壞了英國的消費者。在網路銷售上具有傑出服務的商家包括：

Royal Mile Whiskies, Edinburgh

www. Royalmilewhiskies.com

The Whisky Exchange, London

www. Royalmilewhiskies.com

Loch Fyne Whiskies, Inveraray

www. Royalmilewhiskies.com

但您還是盡可能找一位熱心且專業的銷售員來幫助您，我在此要推薦許多優秀的店家，包括 The Whisky Shop（遍佈英國各地），The Wee Dram (Bakewell, Derbyshire), Lincoln Whisky Shop, The WhiskyShop (Dufftown), The Whisky Castle (Tomintoul), Arkwrights (Highworth, Wiltshire), Parkers of Banff, Robert Grahams (Glasgow), Whiskies of Scotland (Huntly), Nickolls & Perks (Stourbridge) and Luvians (St Andrews).

在所有優良店家中，我特別要介紹這個值得您親自探訪的威士忌專賣店，Gordon & MacPhail（Elgin）。您可在本書文章中找到它的蹤影。

在倫敦，您可在下列商店購物：The Whisky Exchange, Royal Mile Whiskies, Berry Bros & Rudd, Milroy's of Soho, The Vintage House. 以英國的一般市面來說， Oddbins 有較為優良的倉儲品項，也可以到他們的網站選購。

國家圖書館出版品預行編目資料

一生必喝的 101 款威士忌／伊恩・巴士頓（Ian Buxton）作；鹿憶之譯. -- 初版. -- 新北市：智富, 2012.12
面； 公分. --（風貌 ； A10）
譯自：101 whiskies to try before you die
ISBN 978-986-6151-38-5（精裝）

1. 威士忌酒 2. 品酒

463.834 101017285

風貌 A10

一生必喝的 101 款威士忌

作　　者／伊恩・巴士頓（Ian Buxton）
譯　　者／鹿憶之
專業審校／姚和成
主　　編／簡玉芬
責任編輯／陳文君
封面設計／鄧宜琨
出 版 者／智富出版有限公司
發 行 人／簡玉珊
地　　址／（231）新北市新店區民生路 19 號 5 樓
電　　話／（02）2218-3277
傳　　真／（02）2218-3239（訂書專線）
（02）2218-7539
劃撥帳號／19816716
戶　　名／智富出版有限公司　單次郵購總金額未滿 500 元（含），請加 80 元掛號費
酷 書 網／www.coolbooks.com.tw
排版製版／辰皓國際出版製作有限公司
印　　刷／祥新印刷股份有限公司
初版一刷／2012 年 12 月
七刷／2022 年 2 月

ISBN／978-986-6151-38-5
定　　價／450 元

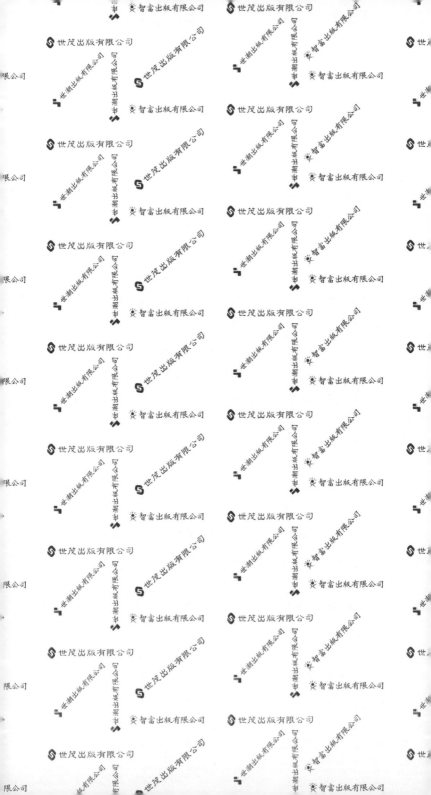

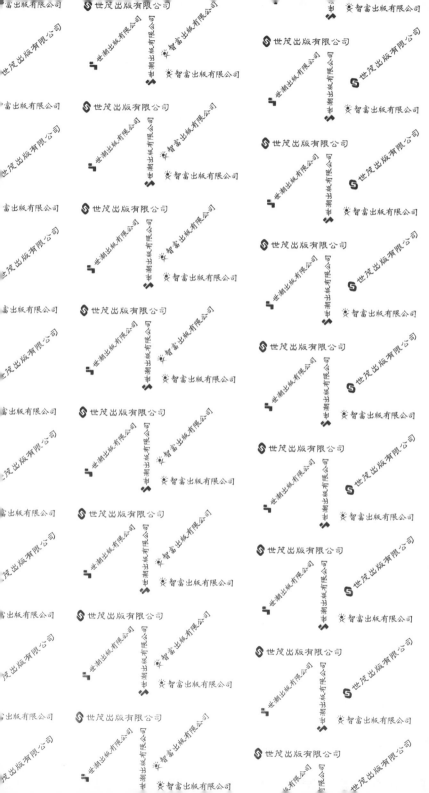